本书由“核科学与技术”湖南省国内一流建设学科资助

蒙特卡罗中子输运模拟加速方法

陈珍平　于　涛　谢金森　著

中国原子能出版社

图书在版编目（CIP）数据

蒙特卡罗中子输运模拟加速方法 / 陈珍平，于涛，谢金森著.
—北京：中国原子能出版社，2019.11
ISBN 978-7-5221-0271-9

Ⅰ. ①蒙… Ⅱ. ①陈…②于…③谢… Ⅲ. ①中子输运理论–蒙特卡罗法 Ⅳ. ①TL323

中国版本图书馆 CIP 数据核字（2019）第 276897 号

内 容 简 介

蒙特卡罗方法由于具有计算精度高、几何通用性好、能谱适应性强等优势而成为中子输运模拟计算的重要方法之一。然而，其最大缺点在于，由于蒙特卡罗中子模拟过程极其耗时，需要耗费高昂的计算时间成本，因此计算效率成为蒙特卡罗中子输运模拟方法进行工程应用的瓶颈之一。为了从中子输运理论层面进一步提高蒙特卡罗中子输运模拟的计算效率，本书主要介绍了蒙特卡罗中子输运模拟基本原理，并重点介绍了中子输运模拟过程中的核截面处理加速方法、几何处理加速方法、delta-tracking 加速方法、减方差方法和源收敛加速方法，并概述了目前国内外蒙特卡罗中子输运模拟程序的发展现状和趋势。

蒙特卡罗中子输运模拟加速方法

出版发行	中国原子能出版社（北京市海淀区阜成路 43 号 100048）
策划编辑	韩 霞
责任编辑	韩 霞
装帧设计	赵 杰
责任校对	冯莲凤
责任印制	潘玉玲
印 刷	北京画中画印刷有限公司
经 销	全国新华书店
开 本	787 mm×1092 mm 1/16
印 张	8.75　　**字 数** 200 千字
版 次	2019 年 11 月第 1 版 2019 年 11 月第 1 次印刷
书 号	ISBN 978-7-5221-0271-9　　**定 价** **46.00** 元

发行电话：010-68452845

总 序

南华大学创建于 1958 年，是一所因我国核工业事业需要而创办的高校，也是我国最早成立核科学技术学院的学校之一。在国家核工业事业的各个时期，南华大学始终坚守在核工业阵地，坚持为核工业人才培养不断档，坚持核科学研究不断线，坚持为核工业服务初心不改变，坚持“举核旗、做核事、育核人”的使命担当，为我国核工业系统输送了大量高级专门人才，是我国重要的核科学与技术科学研究与社会服务基地之一。

南华大学现有核工程与核技术、辐射防护与核安全、核化工与核燃料工程和核物理四个核类本科专业，拥有“核科学与技术”一级学科硕士、博士学位授权点和博士后科研流动站。“核科学与技术”学科是湖南省国内一流建设学科，在反应堆工程、辐射防护与核安全、核技术及应用等领域形成了自己鲜明的发展特色和优势。

为进一步促进我国核科学与技术事业的发展，南华大学系统梳理在核科学与技术学科积累的知识和经验，总结国内外核科学与技术的最新研究成果，在“双一流”建设学科的支持下，组织撰写了“核科学与技术”一流建设学科科学丛书，拟出版 11 本著作，其中包括本次首批出版的《反应堆核嬗变技术》《ADS 次临界堆物理谐波展开方法》《小型铅基快堆热工流体特性研究》和《蒙特卡罗中子输运模拟加速方法》，其他著作将陆续出版发行。

南华大学邀请了清华大学、西安交通大学、上海交通大学、华北电力大学、中国核动力研究设计院和中国原子能科学研究院等单位的专家对丛书进行审稿，专家们对书中的内容充分认可，提出了一些宝贵的修改建议和补充意见。我相信该系列科技丛书的出版对推动我国核科学与技术学科的人才培养与科学研究具有重要意义，我非常高兴将此系列丛书推荐给我国从事核科学与技术工作的科研工作者以及高校相关专业的教师和学生。

同时，对以于涛教授为带头人的学科队伍长期坚持核科学领域研究所取得的成果而深感欣慰，希望他们能够继续努力，早日实现习总书记所提出的：**为我国高等教育事业繁荣发展，为实现“两个一百年”奋斗目标，实现中华民族伟大复兴的中国梦作出新的更大贡献**。

前　言

高保真数值模拟一直以来是核反应堆中子输运计算所追求的目标。众所周知，中子输运计算可分为确定论方法和蒙特卡罗方法。确定论方法的最大优势是计算效率高，但在处理核反应堆复杂结构工程问题时存在均匀化、分群、数值离散等近似问题，影响其计算精度和普适性。蒙特卡罗中子输运方法由于具有计算精度高、几何通用性好、能谱适应性强、并行特性优良等特点而成为新一代高保真堆芯物理计算方法的研究热点。相比于确定论方法，蒙特卡罗方法基于实体组合几何实现了复杂任意结构模型的精确几何建模和基于连续能量截面实现了精确中子物理过程建模，克服了确定论方法存在的近似问题，但其不足在于计算效率较低，要完全实现高保真全堆芯模型的实际工程应用还有待进一步发展。

为了从中子输运理论层面进一步提升蒙特卡罗中子输运模拟方法的计算效率，本书重点介绍了蒙特卡罗中子输运加速方法的基本原理、主要方法及相关的研究成果及领域进展。本书旨在更好地让读者了解和理解蒙特卡罗中子输运模拟加速方法。本书分为七章，第一章介绍了蒙特卡罗方法的理论基础、中子输运模拟理论和中子输运模拟的具体过程；第二章介绍了核截面处理加速方法，包括统一能量网格、截面重构方法和截面索引方法；第三章介绍几何处理加速方法，包括几何处理基本原理、邻居列表与包围盒方法以及优化空间网格分割方法；第四章介绍了基于虚截面的 delta-tracking 加速方法的基本原理，以及其耦合方法和分区方法；第五章介绍了减方差加速方法，包括屏蔽计算减方差方法和临界计算减方差方法；第六章介绍了蒙特卡罗临界计算源收敛加速方法，包括临界计算基本原理、源收敛问题和多种源收敛加速方法；第七章介绍了国内外蒙特卡罗中子输运模拟程序的发展现状及趋势。本书力求进行较完整与系统的论述。

本书编著过程中，主要内容来自于南华大学核能与应用实验室（NEAL）近年来完成的系列研究成果，同时还主要参考了谢仲生、邓力编著的《中子输运理论数值计算方法》，许淑艳编著的《蒙特卡罗方法在实验核物理中的应用》和曹良志、谢仲生编著的《近代核反应堆物理分析》；同时也参考了截至本书收稿时的相关期刊文献，部分文献按原文进行了引用，以保持原作的风格。

本书受到了国家自然科学基金（11575079、11605085、11705084）的资助，同时还受到“核科学与技术”湖南省国内一流建设学科和南华大学的资助；在本书的撰写过程中，南华大学核科学技术学院院长赵立宏、书记颜桂花、副院长赵修良以及南华大学核科学技术学院全体教职工给予了支持与帮助。

本书编写组成员包括陈珍平、于涛、谢金森、郭倩，同时得到了张震宇、马辉强、苑旭东、郭树伟、吴杰波等同学的帮助与支持。本书在撰写过程中力求做到基础性、系统性、完整性。由于著者的学识水平有限，书中一定还存在认识不足、阐述不妥、错误之处，参考文献的引用可能标注不全，还有不少的优秀文章特别是近期发表的最新论文未能详尽，再次表示诚挚的歉意，敬请读者与同行批评指正。

目　录

第 1 章

蒙特卡罗中子输运理论

1.1 蒙特卡罗方法

1.1.1 概述

蒙特卡罗（Monte Carlo，MC）方法[1]，或称为随机抽样方法或统计试验方法。其基本原理是将一个问题的解转化为某个随机事件的概率、或者某个随机变量的数学期望、或者与概率和数学期望有关的量，然后通过大量的试验抽样，对该概率或数学期望的平均值通过多次试验观测值进行估计，得到问题的解。该方法最早于 18 世纪在著名的蒲丰氏问题中被提到，到 20 世纪 30 年代，蒙特卡罗方法最初由美国科学家费米首次将其应用于中子扩散的模拟。随着世界第一台计算机 ENIAC 的诞生，美国著名数学家尤拉母和计算机之父冯·诺伊曼在 ENIAC 上实现了中子在原子弹内链式反应的模拟，开创了蒙特卡罗方法发展的先河。

回顾蒙特卡罗方法在核领域的发展，首先在美国曼哈顿工程中发挥了巨大的作用。后来逐渐应用到反应堆中子学模拟领域，20 世纪 60 年代开始用于计算反应堆有效增殖因数，70 年代是发展的巅峰时期，实体组合几何方法的发展使蒙特卡罗方法可以用于反应堆精细组件功率的计算。到了 21 世纪，随着高性能并行计算的发展，蒙特卡罗中子输运燃耗耦合计算实现了全堆问题的模拟，使蒙特卡罗方法成为核领域不可或缺的方法之一。

除此之外，蒙特卡罗方法在金融工程学、宏观经济学、生物医学、计算物理学（如量子热力学、空气动力学）、机器学习等领域获得了应用广泛。

1.1.2 理论基础

概率论与数理统计学中的大数法则和中心极限定理是蒙特卡罗方法的基础。大数定理[2]：如果函数 h 在［a，b］区间，以均匀的概率分布密度随机地取 N 个数 u_i，对每个变量 u_i 计算出函数值 h（u_i）。大数法则表明这些函数的平均值将收敛于函数 h 的期望值，即：

$$\lim_{N\to\infty}\frac{1}{N}\sum_{i=1}^{N}h(u_i)\equiv\lim_{N\to\infty}I_N=\frac{1}{b-a}\int_a^b h(u)\mathrm{d}u\equiv I \tag{1-1}$$

$$\lim_{N\to\infty}\left\{\left|\frac{1}{N}\sum_{i=1}^{N}h(u_i)-E[h]\right|<\varepsilon\right\}=1 \tag{1-2}$$

大数定理保证了在抽取足够多的随机样本后，蒙特卡罗估计值将收敛于问题的期望值。大数定理保证了蒙特卡罗方法的收敛性，但若要对收敛程度进行分析，并做出各种误差估计，则需要用到中心极限定理。

中心极限定理[2]：对于独立同分布的随机变量序列 $h(u_i)$，若具有有限期望值 $E[h]$ 和非零方差 $0<\sigma^2<\infty$，当 N 充分大时，对任意的 $\lambda(\lambda>0)$，有：

$$\lim_{N\to\infty} P\left\{\left|I_N - I\right| < \lambda\frac{\sigma}{\sqrt{N}}\right\} = \frac{1}{\sqrt{2\pi}}\int_{-\lambda}^{\lambda} \mathrm{e}^{-t^2/2}\mathrm{d}t = \Phi(\lambda) \tag{1-3}$$

中心极限定理表明，蒙特卡罗模拟估计值与问题期望值之间的绝对误差的概率置信度为 $\Phi(\lambda)$，$1-\Phi(\lambda)$ 称为置信水平。

中心极限定理告诉我们在有限的样本数 N 的情况下，蒙特卡罗估计值的误差是如何分布的，从上面的分析看到，其误差与 σ^2 和 N 有关。

1.2 中子输运模拟理论

1.2.1 中子积分输运方程

中子输运方程有微分–积分形式和积分形式两种，它们互为等价。确定论中子输运计算方法通常以微分–积分中子输运方程为对象进行离散数值求解，而蒙特卡罗方法则以积分中子输运方程为对象进行随机模拟求解。稳态中子输运积分方程[3]如下：

$$\Psi(r,E,\Omega) = \int_0^{\infty} \mathrm{e}^{-\int_0^l \Sigma_t(r-l'\Omega,E)\mathrm{d}l'} Q(r',E,\Omega)\mathrm{d}l \tag{1-4}$$

式中：$r' = r - l\Omega$ $\Omega(u,v,w)$；$l = |r-r'|$；Q 为总源项或称中子发射密度。引入光学厚度或自由程数 τ：

$$\tau(r,E,\Omega) = \int_0^l \Sigma_t(r-l'\Omega,E)\mathrm{d}l' = \int_0^l \Sigma_t(r'+l'\Omega,E)\mathrm{d}l' \tag{1-5}$$

中子积分方程变为：

$$\Psi(r,E,\Omega) = \int_0^{\infty} \mathrm{e}^{-\tau(r,E,\Omega)} Q(r',E,\Omega)\mathrm{d}l \tag{1-6}$$

得到中子发射密度方程为：

$$\begin{aligned} Q(r,E,\Omega) &= S(r,E,\Omega) \\ &\quad + \int_0 \int_{4\pi} \int_0^{E_{\max}} \mathrm{e}^{-\tau(r,E',\Omega')} \Sigma_{\mathrm{s}}(r,E',\Omega' \to E,\Omega) Q(r',E',\Omega')\mathrm{d}E'\mathrm{d}\Omega'\mathrm{d}l \end{aligned} \tag{1-7}$$

其中：$S(r,E,\Omega)$ 为外源或者裂变源。

1.2.2 中子发射密度方程

在蒙特卡罗中子输运模拟中，其实质上是以中子发射密度方程为对象开展模拟。在中子发射密度基础上，定义以下几个算符[3]。

输运核算符：

$$\boldsymbol{T}\left(r \to r' \mid E', \Omega'\right) = \Sigma_{\mathrm{t}}(r, E')\mathrm{e}^{-\tau(r, r', E')} \tag{1-8}$$

散射核算符：

$$\boldsymbol{C}\left(\Omega', E' \to \Omega, E \mid r,\right) = \frac{\Sigma_{\mathrm{s}}(r, E')}{\Sigma_{\mathrm{t}}(r, E')} f(r, \Omega', E' \to \Omega, E) \tag{1-9}$$

积分核算符：

$$\boldsymbol{K}(r', \Omega', E' \to r, \Omega, E) = \boldsymbol{C}(\Omega', E' \to \Omega, E \mid r,)\boldsymbol{T}(r \to r' \mid E', \Omega') \tag{1-10}$$

此时，中子积分输运方程变为：

$$\begin{aligned}\Psi\left(r, E, \Omega\right) &= S_{\Psi}\left(r, E, \Omega\right) \\ &+ \int_0 \int_{4\pi} \int_0^{E_{\max}} \mathrm{e}^{-\tau(r, E', \Omega')} \boldsymbol{K}\left(r', \Omega', E' \to r, \Omega, E\right) \frac{\Sigma_{\mathrm{t}}(r', E')}{\Sigma_{\mathrm{t}}(r, E)} \Psi(r', E', \Omega') \mathrm{d}E' \mathrm{d}\Omega' \mathrm{d}l\end{aligned} \tag{1-11}$$

其中：$S_{\Psi}(r, E, \Omega)$为首次碰撞源，是$S(r, E, \Omega)$经过一次空间输运的结果，称为中子源对中子通量密度的直穿贡献。

$$S_{\Psi}(r, E, \Omega) = \int_0^{\infty} \mathrm{e}^{-\tau(r, E, \Omega)} S(r', E, \Omega)\, \mathrm{d}l \tag{1-12}$$

$$\boldsymbol{K}_{\Psi}(r', \Omega', E' \to r, \Omega, E) = \boldsymbol{K}(r', \Omega', E' \to r, \Omega, E) \frac{\Sigma_{\mathrm{t}}(r', E')}{\Sigma_{\mathrm{t}}(r, E)} \tag{1-13}$$

令$P = (r, E, \Omega)$，则中子发射密度方程和中子积分方程变为：

$$Q(P) = S(P) + \int \boldsymbol{K}(P' \to P) Q(P') \mathrm{d}P' \tag{1-14}$$

$$\Psi(P) = S_{\Psi}(P) + \int \boldsymbol{K}_{\Psi}(P' \to P) Q(P') \mathrm{d}P' \tag{1-15}$$

式（1-14）、式（1-15）描述了中子在空间进行输运和响应行为，因此蒙特卡罗方法以发射密度方程为对象开展模拟，将中子通量密度作为中子发射密度的响应量。为了用蒙特卡罗方法求解中子发射密度，首先将中子发射密度方程改写为算子形式：

$$Q = \boldsymbol{K}Q + S \tag{1-16}$$

采用迭代方法对中子发射密度方程求解：

$$Q^{(n)} = \boldsymbol{K}Q^{(n-1)} + S \tag{1-17}$$

根据$Q^{(n)}$、$Q^{(n-1)}$、$Q^{(n-2)}$之间的迭代关系有：

$$Q^{(n)} = \boldsymbol{K}Q^{(n-1)} + S = \boldsymbol{K}[\boldsymbol{K}Q^{(n-2)} + S] + S = \cdots = \sum_{m=0}^{n} \boldsymbol{K}^m S = \sum_{m=0}^{n} Q_m \tag{1-18}$$

当$n \to \infty$时，$Q^{(n)}$将收敛到中子发射密度方程的 Neumann 级数解：

$$Q(P) = \sum_{m=0}^{\infty} Q_m(P) = \sum_{m=0}^{\infty} \boldsymbol{K}^m S(P) \tag{1-19}$$

级数中的每一项都有明确的物理意义；

当 $m=0$ 时，

$$Q_0(P)=\boldsymbol{K}^0 S(P)=S(P) \tag{1-20}$$

表示源中子对相空间 P 点处的中子源 $Q(P)$ 的直接贡献；

当 $m>0$ 时，

$$Q_m(P)=\boldsymbol{K}^m S(P)=\int \mathrm{d}P_{m-1}\cdots\int \mathrm{d}P_0[\boldsymbol{K}(P_{m-1}\to P_m)\cdots\boldsymbol{K}(P_0\to P_1)S(P_0)] \tag{1-21}$$

表示源中子经过 m 次输运和碰撞后对相空间 P 点处的贡献；所有对 P 点处的贡献之和就构成了 P 点处的中子发射密度。

1.2.3 模拟发射密度方程

为了实现基于蒙特卡罗方法的中子输运模拟，通过构造中子在系统里的随机游动链 Γ_m：$P_0, P_1, P_2, \cdots, P_m$，每个游动链由一组状态序列组成，通过对状态序列的每个状态进行随机抽样，进而实现中子在介质系统中的输运模拟。以直接模拟法计算中子发射密度方程为例[4]，首先定义随机变量：

$$X_m=(P_0,P_1,\cdots,P_m) \tag{1-22}$$

构造中子在介质系统里的随机游动链：

$$\Gamma_m：\ P_0\to P_1\to\cdots\to P_m \tag{1-23}$$

即中子在相空间 P_0 处产生一个源中子，经过 $m-1$ 次输运和散射到达相空间的 P_{m-1} 处，在经过一次输运到达相空间的 P_m 处被介质吸收。

根据中子发射密度方程可知，在相空间 P_0 处产生一个源中子的概率为 $S(P_0)$，该中子经过一次输运和散射到达相空间 P_1 处的条件概率密度函数为 $\boldsymbol{K}(P_0\to P_1)$，以此类推，从相空间 P_{m-1} 处经过一次输运和散射到达相空间 P_m 处的条件概率密度函数为 $\boldsymbol{K}(P_{m-1}\to P_m)$，最后一次在 P_m 处碰撞发生散射反应的概率为：

$$\alpha(r_m,E_{m-1})=\frac{\Sigma_{\mathrm{s}}(r_m,E_{m-1})}{\Sigma_{\mathrm{t}}(r_m,E_{m-1})} \tag{1-24}$$

发生吸收反应的概率为：

$$\beta(r_m,E_{m-1})=\frac{\Sigma_{\mathrm{a}}(r_m,E_{m-1})}{\Sigma_{\mathrm{t}}(r_m,E_{m-1})} \tag{1-25}$$

因此，以中子游动链为随机变量 X_m 的概率密度分布函数为：

$$f(X_m)=\frac{\beta(r_m,E_{m-1})}{\alpha(r_m,E_{m-1})}\boldsymbol{K}(P_{m-1}\to P_m)\cdots\boldsymbol{K}(P_0\to P_1)S(P_0) \tag{1-26}$$

如果定义一个响应函数：

$$h(X_m)=\delta(P_m-P)\frac{\alpha(r_m,E_{m-1})}{\beta(r_m,E_{m-1})} \tag{1-27}$$

则采用随机变量 X_m 的期望值作为对中子发射密度的估计：

$$Q(P)=\sum_{m=0}^{\infty}\int h(X_m)f(X_m)\mathrm{d}X_m=$$
$$\sum_{m=0}^{\infty}\int \mathrm{d}X_m[\delta(P_m-P)\boldsymbol{K}(P_{m-1}\to P_m)\cdots\boldsymbol{K}(P_0\to P_1)S(P_0)]= \tag{1-28}$$
$$\sum_{m=0}^{\infty}E(h)$$

此时，对中子输运方程的求解就变成抽样随机变量样本 X_m，这就是蒙特卡罗中子输运模拟的理论基础。

1.3 中子输运模拟过程

蒙特卡罗中子输运模拟是以概率统计理论为基础，通过对大量中子行为进行随机模拟和观察分析，用统计平均的方法来预测估计量的期望值，从而达到求解中子输运问题目的。蒙特卡罗方法的主要优点在于：

1）计算精度高，能够逼真地模拟中子在介质系统中的随机输运过程；

2）受几何条件限制小，几何适应性强，能够处理任意复杂几何模型；

3）收敛速度与问题的维数无关，即问题维数的增加只增加计算量但不影响收敛速度；

4）具有优良的并行计算特性和同时计算多种未知量的能力。

因此，由于这些独特的优点，蒙特卡罗方法被国际反应堆物理界认为是新一代高精度高保真的堆芯物理分析方法的重要候选方法之一，也是国际上的研究热点[5-6]。

1.3.1 中子状态序列

蒙特卡罗中子输运方法的本质就是要建立单个中子在给定几何系统中的真实运动历史。一个中子在介质系统中的运动历史可用一组状态参数来描述，这些状态参数通常包括：中子空间位置 r 、能量 E 和运动方向 $\varOmega$ ，用 $S=(r,E,\varOmega)$ 表示。假设一个源中子初始状态为 $S_0=(r_0,E_0,\varOmega_0)$ ，中子在介质材料中第 m 次碰撞后中子状态参数为：

$$S_m=(r_m,E_m,\varOmega_m) \tag{1-29}$$

其中：r_m 为中子在第 m 次碰撞点的空间位置；E_m 为中子在第 m 次碰撞后的能量；$\varOmega_m$ 为中子在第 m 次碰撞后的运动方向。

一个源中子在介质系统中随机运动，经过与介质靶核的若干次碰撞后，其运动历史结束（如被介质吸收或逃出系统等）。因此，一个中子在系统中运动历史可用一个状态序列表示为：

$$S_0,\ S_1,\ S_2,\cdots,\ S_{M-1},\ S_M$$

或者更详细些，用式（1-30）来描述。

$$\begin{bmatrix} r_0, & r_1, & r_2, & \cdots, & r_{M-1}, & r_M \\ E_0, & E_1, & E_2, & \cdots, & E_{M-1}, & E_M \\ \Omega_0, & \Omega_1, & \Omega_2, & \cdots, & \Omega_{M-1}, & \Omega_M \end{bmatrix} \tag{1-30}$$

其中：S_0 为中子由源出发的状态，称为初态；S_M 为中子的终止态；M 称为中子运动的链长。在蒙特卡罗中子输运方法中，这样的中子状态序列称为中子随机运动历史，模拟一个中子的运动历史就变成模拟或确定中子状态序列的过程。

因此，利用蒙特卡罗方法模拟一个中子运动历史大致包括 3 个过程[7]：① 源分布抽样过程；② 中子在空间、能量和方向相空间 $(r\times E\times \Omega)$ 上的随机游动过程；③ 记录贡献与分析结果过程。

1.3.2 源分布抽样

源分布抽样过程的目的就是产生源中子的初始状态 $S_0=(r_0,E_0,\Omega_0)$，因此该过程主要包含源中子初始位置 r_0 抽样、源中子初始能量 E_0 抽样和源中子初始运动方向 Ω_0 抽样。具体如下：

1. 源中子初始位置抽样

依照用户描述源的位置进行抽样决定，常见的源有点源、面源（矩形源、圆形源、圆环源、球形面源等）和体源（长方体源、圆柱体源、球体源、球壳源等）。以下以一个均匀分布矩形面源和均匀分布的球体源为例，进行进一步详细说明。如图 1-1 所示。

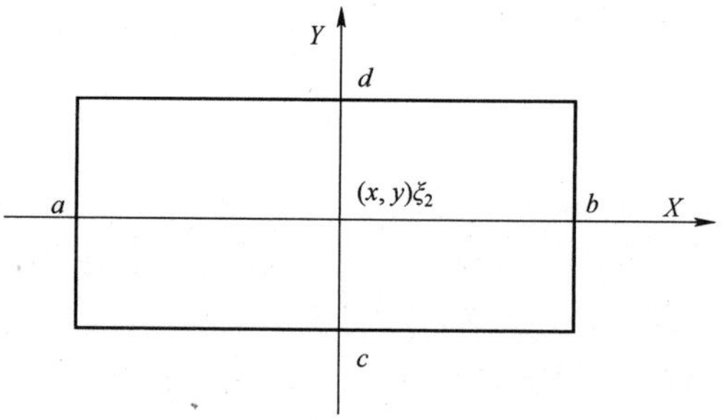

图 1-1 均匀分布矩形面源

假定中子源在范围是 $a\leqslant x\leqslant b$，$c\leqslant y\leqslant d$ 矩形内服从均匀分布。由该源发射出的中子的位置可以根据坐标 (x,y) 来确定。利用随机数产生器，抽取两个在［0，1］间均匀分布的随机数 ξ_1 和随机数 ξ_2，（见图 1-2）则中子源初始位置可表示为：

$$\begin{cases} x=a+(b-a)\xi_1 \\ y=c+(d-c)\xi_2 \end{cases} \tag{1-31}$$

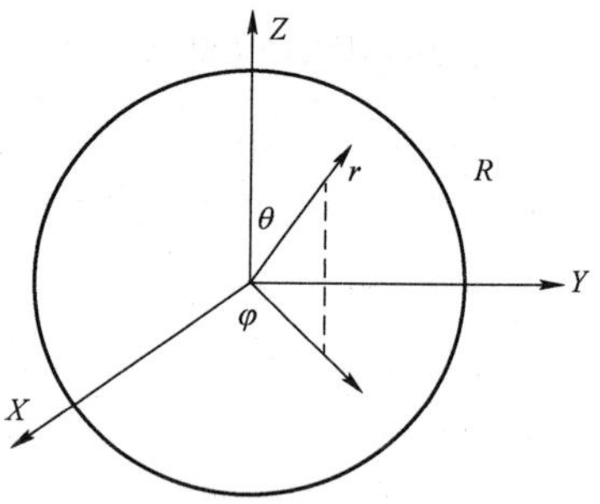

图 1-2 均匀分布球体源

对于均匀分布的球体源，假设球半径为 R，球心在原点，设点到球心的距离为r，则r的分布密度函数为：

$$f(r)=\begin{cases}\dfrac{3r^2}{R^3} & \text{当}0\leqslant r\leqslant R\\ 0 & \text{其他}\end{cases} \tag{1-32}$$

则距离r的抽样为：

$$r=R\bullet\max(\xi_1,\xi_2,\xi_3) \tag{1-33}$$

其中：ξ_1、ξ_2、ξ_3为在［0，1］内均匀分布的随机数。

对于角度φ与θ的抽样，可按照各项同性分布抽样，即满足$\cos\theta\sim U(-1,+1)$，$\varphi\sim U(0,2\pi)$。具体如下，抽取两个ξ_4、ξ_5在［0，1］内均匀分布的随机数，则角度变量的抽样为：

$$\begin{cases}\varphi=2\pi\xi_4\\ \cos\theta=2\xi_5-1\end{cases} \tag{1-34}$$

在直角坐标系，如果满足式（1-34）

$$(2\xi_1-1)^2+(2\xi_2-1)^2+(2\xi_3-1)^2\leqslant 1 \tag{1-35}$$

则源中子初始位置抽样为：

$$\begin{cases}x=R\bullet(2\xi_1-1)\\ y=R\bullet(2\xi_2-1)\\ z=R\bullet(2\xi_3-1)\end{cases} \tag{1-36}$$

2. 源中子初始能量抽样

源中子初始能量常见分布如单能分布、裂变中子谱分布、麦克斯韦（Maxwell）谱分布等。

1）单能源分布

单能源分布是指中子的初始能量为一个特定的固定常数E_0，其分布密度函数为：

$$f(E)=\delta(E-E_0) \tag{1-37}$$

因此，源中子初始能量抽样为：

$$E=E_0 \tag{1-38}$$

2）麦克斯韦谱分布

麦克斯韦谱分布的一般形式为：

$$f(E)=\begin{cases}\dfrac{2\beta^{3/2}}{\sqrt{\pi}}\bullet\sqrt{E}\bullet\exp\{-\beta E\} & \text{当}E\geqslant 0\\ 0 & \text{其他}\end{cases} \tag{1-39}$$

该分布的抽样方法为，任意抽取两个ξ_1、ξ_2在［0，1］内均匀分布的随机数，如果随机数满足：

$$\xi_1^2\leqslant -e\bullet\xi_2\bullet\ln\xi_2 \tag{1-40}$$

则源中子初始能量抽样为：

$$E = -\frac{3}{2\beta}\ln\xi_2 \tag{1-41}$$

3. 源中子初始运动方向抽样

源中子初始运动方向常见分布有各向同性分布、半平面各向同性分布、各向异性分布等，针对每种特定的分布密度函数都有特定的抽样方法。下面以各向同性分布抽样方法为例，简述其抽样过程。

例 1　各向同性分布

各向同性分布的分布密度函数为：

$$f(\Omega) = f_1(\mu) \cdot f_2(\varphi) = \frac{1}{4\pi} \tag{1-42}$$

$$f_1(\mu) = \frac{1}{2}，f_2(\varphi) = \frac{1}{2\pi} \tag{1-43}$$

其中：$\mu = \cos\theta$，θ 为运动方向与 z 轴的夹角；φ 为方位角。θ 和 φ 的抽样方法如下公式：

$$\cos\theta = 2\xi_1 - 1 \tag{1-44}$$

$$\cos\varphi = \frac{(2\xi_2 - 1)^2 - \xi_3{}^2}{(2\xi_2 - 1)^2 + \xi_3{}^2} \tag{1-45}$$

$$\sin\varphi = \frac{2 \cdot (2\xi_2 - 1)^2 \cdot \xi_3{}^2}{(2\xi_2 - 1)^2 + \xi_3{}^2} \tag{1-46}$$

其中：ξ_1、ξ_2、ξ_3 为在［0, 1］内均匀分布的随机数，且 ξ_2、ξ_3 满足：

$$(2\xi_2 - 1)^2 + \xi_3^2 \leqslant 1 \tag{1-47}$$

如果使用方向余弦 u、υ、ω 表示源中子初始运动方向，则有：

$$\begin{cases} u = \sin\theta \cdot \cos\theta \\ \upsilon = \sin\theta \cdot \sin\varphi \\ \omega = \cos\theta \end{cases} \tag{1-48}$$

1.3.3　中子的输运跟踪

中子在相空间上随机游动，由状态 $S_m = (r_m, E_m, \Omega_m)(m = 0,1,2,\cdots,M-1)$ 经过碰撞达到状态 $S_{m+1} = (r_{m+1}, E_{m+1}, \Omega_{m+1})(m = 1,2,3,\cdots,M)$ 时，需要确定中子空间位置 r_{m+1}，能量 E_{m+1} 和运动方向 Ω_{m+1}。因此，中子输运跟踪过程主要是确定中子以 S_m 状态的能量和方向飞行 L 距离时，发生碰撞后中子新的空间位置、能量和方向。中子输运跟踪过程主要包括输运长度抽样、碰撞核素及反应类型抽样、碰撞后中子能量及方向确定[8]。如图 1-3 所示。

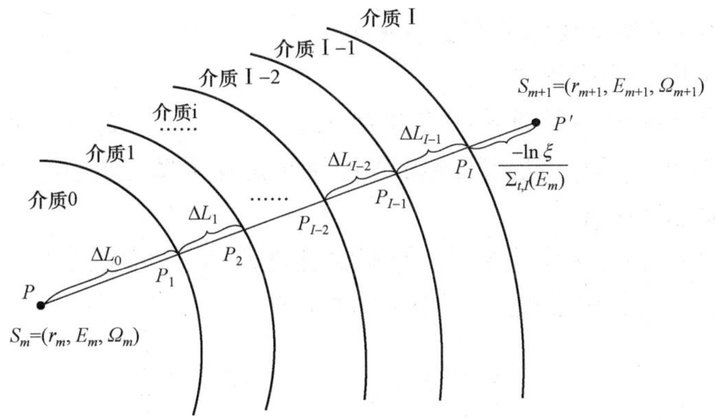

图 1-3 中子在相空间上的随机游动

1. 输运长度抽样

假设中子以 S_m 状态出发，以 E_m 的能量、沿 $\boldsymbol{\Omega}_m$ 方向飞行 L 长度后，发生第 $m+1$ 次碰撞时碰撞点的位置为 $r_{m+1}=r_m+L\boldsymbol{\Omega}_m$。在直角坐标系中，新的碰撞点位置亦可表示为：

$$\begin{cases} x_{m+1}=x_m+L\cdot u_m \\ y_{m+1}=y_m+L\cdot v_m \\ z_{m+1}=z_m+L\cdot \omega_m \end{cases} \tag{1-49}$$

其中：距离 L 称为中子两次碰撞之间的输运长度；(u_m,v_m,ω_m) 为 $\boldsymbol{\Omega}_m$ 的方向余弦。由反应堆物理理论可知，中子输运长度 L 的分布密度函数为：

$$f(L)=\begin{cases} \boldsymbol{\Sigma}_{\rm t}(r_{m+1},E_m)\cdot\exp\left\{-\int_0^L \boldsymbol{\Sigma}_{\rm t}(r_m+l\boldsymbol{\Omega}_m,E_m)\mathrm{d}l\right\} & L\geqslant 0 \\ 0 & \text{其他} \end{cases} \tag{1-50}$$

对分布密度函数（1-50），当中子在无限均匀介质中输运时，则输运长度抽样为：

$$L=-\frac{\ln\xi}{\boldsymbol{\Sigma}_{\rm t}(E_m)} \tag{1-51}$$

但是，当中子依次穿过多层介质才发生碰撞时，根据指数分布的“无记忆”特点，此时只需逐层考虑中子是否在该层介质发生碰撞，如果不发生碰撞，则中子沿当前方向继续飞行到下一层介质，然后继续判断是否在该层介质发生碰撞，直到中子在第 I 层介质发生碰撞，则此时输运长度抽样为：

$$L=\sum_{i=0}^{I-1}\Delta L_i+\left(\frac{-\ln\xi}{\boldsymbol{\Sigma}_{{\rm t},I}(E_m)}\right) \tag{1-52}$$

其中：ΔL_i 为中子由 r_m 出发，沿 $\boldsymbol{\Omega}_m$ 方向输运移动，在第 i 个介质区域内走过的距离；$\boldsymbol{\Sigma}_{{\rm t},I}(E_m)$ 为中子发生碰撞反应的第 I 层介质的宏观总截面。

因此，输运长度抽样确定后，即可根据式（1-48）确定中子第 $m+1$ 次碰撞的位置 $r_{m+1}=r_m+L\boldsymbol{\Omega}_m$。为了确定式（1-51）中子输运长度，需要进行几何处理来完成 ΔL_i 的计算和根据 P_I 点坐标和方向来确定该点所在的几何体，从而确定 P_I 点所在处的材料，以便确定式（1-51）中的宏观总截面参数$\Sigma_{t,I}(E_m)$。

2. 碰撞核素及反应类型抽样

为了确定中子第$m+1$次碰撞后状态变量$S_{m+1}=(r_{m+1},E_{m+1},\Omega_{m+1})$的能量和运动方向，首先需要抽样确定中子与第$I$层介质材料中哪种核素发生哪种反应类型，从而才能确定碰撞后的粒能量和运动方向。

假设第I介质由 n 种核素组成，其核素的宏观截面分别为$\Sigma_1,\Sigma_2,\cdots,\Sigma_n$，总截面为$\Sigma_t$。则与中子发生作用的核素按下述抽样方法确定：

$$\text{反应核素}=\begin{cases}\text{第1种核素} & 0\leqslant\xi<\dfrac{\Sigma_1}{\Sigma_t}\\ \text{第2种核素} & \dfrac{\Sigma_1}{\Sigma_t}\leqslant\xi<\dfrac{\Sigma_1+\Sigma_2}{\Sigma_t}\\ \cdots\cdots & \cdots\cdots\\ \text{第}n\text{种核素} & \dfrac{\sum\limits_{1}^{n-1}\Sigma_i}{\Sigma_t}\leqslant\xi<1\end{cases}\tag{1-53}$$

在抽样决定了碰撞核素之后，还需要确定中子与该种核素发生哪种具体的相互作用类型。以中子为例，中子与物质的相互作用类型有弹性散射、非弹性散射和吸收，其中吸收又分为裂变，(n,α)，(n,p)，(n,γ)和(n,f)等。假设其微观作用截面分别为$\sigma_e,\sigma_{in},\cdots,\sigma_f$，总微观截面为$\sigma_t=\sigma_e+\sigma_{in}+\cdots+\sigma_f$。抽样反应类型的方法与抽样核素类型方法一致。

$$\text{反应类型}=\begin{cases}\text{弹性散射} & 0\leqslant\xi<\dfrac{\sigma_e}{\sigma_t}\\ \text{非弹性散射} & \dfrac{\sigma_e}{\sigma_t}\leqslant\xi<\dfrac{\sigma_e+\sigma_{in}}{\sigma_t}\\ \cdots\cdots & \cdots\cdots\\ \text{核裂变} & 1-\dfrac{\sigma_f}{\sigma_t}\leqslant\xi<1\end{cases}\tag{1-54}$$

其中：ξ为在［0, 1］内均匀分布的随机数。

3. 碰撞后中子能量和方向确定

在确定碰撞核素和碰撞反应类型之后，中子的能量和方向可通过转移函数$f(E_m,\Omega_m\to E_{m+1},\Omega_{m+1})$完全确定。以中子发生弹性散射反应为例，在质心系下转移函数满足如下分布：

$$f_{el}(E_m,\Omega_m\to E_{m+1},\Omega_{m+1})=\frac{1}{2\pi}f_c(\mu_c)\delta\left(E_{m+1}-E_m\frac{1+A^2+2A\mu_c}{(A+1)^2}\right)\tag{1-55}$$

式中：下标 c 代表质心（centroid）的缩写标记；μ_c表示中子在质心坐标系下的散射角余弦；L 表示代表实验室坐标系（laboratory）；μ_L表示中子在实验室坐标系下的散射角

余弦。

根据中子的入射方向 $\Omega_m=(u_m,\upsilon_m,\omega_m)$ 和入射能量 E_m，则发生碰撞后中子的方向 $\Omega_{m+1}=(u_{m+1},\upsilon_{m+1},\omega_{m+1})$ 为：

$$\begin{cases} u_{m+1}=\mu_L u_m+(\cos\varphi\sqrt{1-\mu_L^2}u_m\omega_m-\sin\varphi\sqrt{1-\mu_L^2}\upsilon_m)/\sqrt{1-\omega_m^2} \\ \upsilon_{m+1}=\mu_L\upsilon_m+(\cos\varphi\sqrt{1-\mu_L^2}\upsilon_m\omega_m-\sin\varphi\sqrt{1-\mu_L^2}u_m)/\sqrt{1-\omega_m^2} \\ \omega_{m+1}=\mu_L\omega_m-\cos\varphi\sqrt{(1-\mu_L^2)(1-\omega_m^2)} \end{cases} \tag{1-56}$$

其中：$\mu_c=2\xi_1-1$；$\varphi=2\pi\xi_2$；$\mu_L=(1+A\mu_c)(1+A^2+2A\mu_c)^{1/2}$；$\xi_1$、$\xi_2$ 为在［0，1］内均匀分布的随机数。同时，中子发生碰撞后中子能量 E_{m+1} 为：

$$E_{m+1}=E_m\frac{1+A^2+2A\mu_c}{(A+1)^2} \tag{1-57}$$

当中子与介质核素发生其他碰撞反应时，同样根据转移函数可完全确定碰撞后中子的状态参数。

1.3.4　物理量的估计

中子输运过程中需要记录每个中子运动过程中对待求解的贡献量。以中子输运问题为例，中子输运主要求解的就是中子通量密度，其可以采用碰撞估计、吸收估计、径迹长度估计等方法[3]。

在给定区域上的关于体积 V 的中子体通量密度定义为：

$$\phi(V)=\int\phi(r,E,\Omega)\Delta(r\in V)\mathrm{d}r\mathrm{d}E\mathrm{d}\Omega \tag{1-58}$$

根据中子体通量密度的定义，它等于 r 处单位体积内所有中子径迹长度的总和。它是统计中子在相空间游动过程中，穿过体积 V 的径迹长度。设中子从第 m 次碰撞到第 $m+1$ 次碰撞在体积 V 内穿过的径迹长度为 d，则记录第 m 次输运过程对体积 V 的中子体通量密度的贡献为：

$$\hat{\phi}_m^{(T)}(V)=\omega_m\cdot\mathrm{d} \tag{1-59}$$

因此，体积 V 内的平均中子体通量密度（按源中子数归一）为：

$$\bar{\phi}(V)=\frac{1}{N_0}\sum_T\sum_{m=0}^{M-1}\hat{\phi}_m^{(T)}(V) \tag{1-60}$$

其他物理量的统计方法与中子体通量密度统计方法类似，通过记录和累加每次中子碰撞对结果的贡献量，最终得到相应物理量的估计值。

参考文献

［1］康崇禄. 蒙特卡罗方法理论和应用［M］. 北京：科学出版社，2015.

［2］丁正生. 概率论与数理统计应用［M］. 西安：西北工业大学出版社，2003.

[3] 谢仲生，邓力.中子输运理论数值计算方法［M］. 西安：西北工业大学出版社，2005.
[4] 曹良志，谢仲生.近代核反应堆物理分析［M］. 北京：中国原子能出版社，2017.
[5] F. B. Brown. Recent Advances and Future Prospects for Monte Carlo［J］. Progress in Nuclear Science and Technology，2011. 2：1-4.
[6] Martin W R. Challenges and Prospects for Whole-core Monte Carlo Analysis［J］. Nuclear Engineering and Technology，2012，44（2）：151-160.
[7] 许淑艳. 蒙特卡罗方法在实验核物理中的应用［M］. 北京：原子能出版社，2006.
[8] 陈珍平. 蒙特卡罗粒子输运计算几何处理加速方法研究［D］. 中国科学技术大学，2015.

第 2 章

核截面处理加速方法

2.1 概　述

在蒙特卡罗中子输运模拟中，为了精确描述中子与物质的核反应物理过程，通常采用连续能量点截面用以描述各种核反应截面信息。因此，连续能量蒙特卡罗中子输运方法由于具有精确描述中子物理过程的优点，被广泛地应用于核反应堆数值模拟与计算分析中。在连续能量蒙特卡罗中子输运模拟方法中，通常采用 ACE（A Compact ENDF）格式的核数据库提供截面信息。ACE 格式通常采用“能量–截面对”（E_k，σ_k）的形式，给出每个核素在中子各个能量点（0～20 MeV）下核反应截面数据，即给出在一系列能量网格上中子的核反应截面数据，并在相邻的能量网格区间上采用插值方法得到任意连续能量中子的各种核反应截面数据，包括总截面，散射截面，吸收截面，裂变中子产额截面以等。如图 2-1 所示。

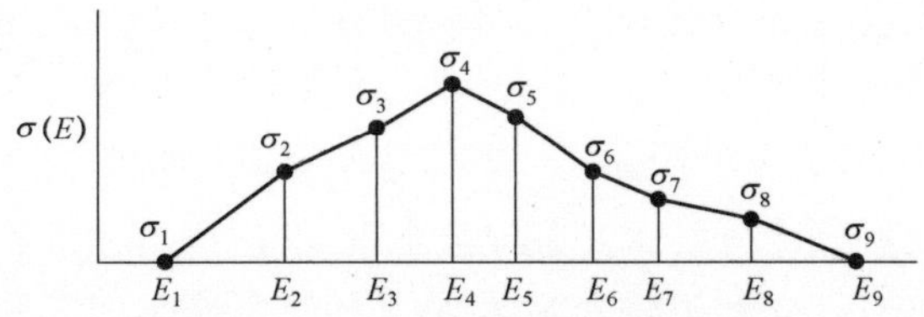

图 2-1　中子核反应截面能量网格

假设中子所处几何体的材料包含 M 种核素，每种核素的截面包含 B_m（m=1，2，3，…，M）能量点。插值截面的计算流程如下：首先根据中子的状态参数 $S=(r,E,\Omega)$ 确定中子所处的几何体，并在该几何体对应材料所组成核素的能量网格上查找 E 所在的能量区间，再对每个核素逐个进行插值计算，最终得到材料总截面以及某个核素特定的核反应截面数据。

$$\sigma_{x,m}(E)=\sigma_{x,m}(E_{k,m})+j_m(E)(\sigma_{x,m}(E_{k+1,m})-\sigma_{x,m}(E_{k,m})),\ j_m(E)\in[0,1) \quad (2\text{-}1)$$

$$j_m(E)=\frac{E-E_{k,m}}{E_{k+1,m}-E_{k,m}},\ E\in[E_{k,m},E_{k+1,m}) \quad (2\text{-}2)$$

$$\Sigma_x(E)=\sum_{m=1}^{M}\Sigma_{x,m}(E)=\sum_{m=1}^{M}\sigma_{x,m}(E)N_m \quad x=s,a,f,t,\cdots \quad (2\text{-}3)$$

其中：$E_{k,m}$ 和 $E_{k+1,m}$ 是第 m 个核素上包含中子能量 E 的两个相邻能量点；$j_m(E)$ 是截面插值系数；$\sigma_{x,m}(E)$ 是插值截面；N_m 是核子密度；$\Sigma_x(E)$ 是宏观截面。

采用二分查找法实现单个核素能量网格上的查找时，其时间复杂度为 O（$\log_2 B_m$），则整个宏观截面计算的时间复杂度为：

$$\sum_{m=1}^{m} O(\log_2 B_m) \approx M \times O(\log_2 \overline{B}_m) \tag{2-4}$$

因此，影响截面计算的时间主要有两个因素，第一是独立查找的次数，这里以材料组成核素的数目 M 进行表征。第二是单次查找的时间开销，这里以核素平均被查找的能量点数 $\overline{B}_m$ 进行表征。因此，在中子输运模拟过程中，一旦中子能量或所处材料发生变化，为了抽样中子的输运步长、反应核素和反应类型，每次都需要重新进行能量区间查找并进行插值截面计算。根据蒙特卡罗中子输运的马尔科夫过程，每当中子发生碰撞或穿过不同材料的几何边界时，上述情况必将一定会发生，因此需要频繁地进行能量区间查找和插值截面的计算。因此，为了提高截面处理的效率，需要减少独立查找的次数和降低单次查找的时间开销。

在 ACE 格式连续能量截面数据中，为了精确描述中子与各种核素的相互作用过程，每个核素连续能量点截面（E_k，σ_k）能量网格的疏密程度各不相同。对于重核而言，为了准确考虑中子的共振效应，其能量网格在共振能区通常非常密集，而在共振区之外，能量网格则相对稀疏。同时，由于不同核素、不同核反应截面的共振峰分布在不同的能量区间，因此各核素的能量网格也不相同，能量网格中能量点的数目约为 10^2 至 10^5 个，但能量点符合严格升序排列。因此，蒙特卡罗中子输运程序一般采用经典的二分查找算法确定中子在各核素能量网格中所处的区间并进行插值计算。当模拟问题的材料包含的核素数目较少时（如反应堆寿期初），蒙特卡罗程序针对每种核素的能量网格进行查找的总时间是可以接受的，然而对于输运–燃耗耦合模拟计算而言，随着反应堆燃耗过程的进行，堆芯材料的核素成分将越来越复杂，往往包含数百种核素，这时中子输运模拟过程中能量查找所造成的时间开销将非常显著，甚至可能会成为整个程序的性能瓶颈。为了提升蒙特卡罗程序计算效率，通常可以采用“统一能量网格”的思想，即将不同核素的能量网格与某一“统一能量网格”构建映射关系，减少每个核素能量区间查找的次数，进而降低中子输运模拟过程中能量查找所带来的时间开销。

2.2 统一能量网格

统一能量网格[1]是指在整个中子输运模拟问题中，在进行中子核反应截面计算时，所有材料的各个组成核素共享同一套能量网格数据。利用统一能量网格的最大好处是，为了抽样中子输运步长、反应核素和反应类型，在进行材料总截面以及单个核素截面的计算时，能量区间的查找只需一次即可完成，而跟组成材料的核素种类及数目无关。其次，对于材料宏观截面的计算，不再需要对每个组成核素进行单独地能量区间查找，特别是在“输运–燃耗”耦合模拟过程中，材料成分比较复杂时，可以极大地减少能量区间查找次数。根据构建“统一能量网格”方法的不同，可分为截面重构方法和截面索引方法两大类。

截面重构方法是指对每个核素构建“统一能量网格”，对每个能量网格点的截面数据进行重构，利用重构后的统一能量网格和截面数据进行中子输运模拟。在采用截面重构法提升蒙特卡罗中子输运计算效率时，需要兼顾计算精度和内存开销问题。由于每个核素 ACE 截面数据的能量网格点是为了保持一定的误差精度而经过 NJOY 程序评价的，在统一能量网格框架下，核素的截面将按照新的能量网格进行确定，可能会影响中子截面和中子输运模拟计算的精度。因此，为了保证统一能量网格的计算精度，统一能量网格可以通过将每个核素单独的能量网格进行简单叠加而成，或者按照某种规则和精度需求单独构建一套能量网格。对于简单叠加法而言，由于只是简单地将问题中各个核素的能量网格合并而成，对于每个核素，相比于其原始能量网格，统一能量网格将会新增很多不重要的冗余截面数据，而这将会带了较大的内存开销。对于典型的寿期初的核反应堆数值模拟问题而言，此时堆芯材料的核素种类较少（少于 40 种），采用统一能量网格所增加的内存开销还可接受（小于 1 Gb）。然而，随着堆芯燃耗加深，堆芯会产生次锕系核素（MA）和长寿命裂变产物（LFFP），材料成分将越来越复杂，将多达 300 多种核素，即使只考虑重要核素成分进行模拟计算，其统一能量网格的能量点数目将达到 10^6 个以上，如果在这种规模下重构全部截面数据，内存的使用量是巨大的，此时内存占用可能将达到数十个 Gb，这将会带来严重的内存开销。为了解决简单叠加方法带来的内存限制，另一种方法可以按照重要性和精度需求单独构建一套统一能量网格，即在传统简单叠加法构建的统一能量网格基础上，再对能量网格进行裁剪（“瘦身”），将不重要和不必要的冗余能量点去除，只保留重要必需的能量点，进而在保证精度的情况下，降低内存开销。但这种方法需要修改部分能量网格，从而在截面数据上会引入额外的误差，需要对重构截面进行验证后才能使用。

截面索引方法是在各个核素的能量网格之外，重新构建一套新的“统一能量网格”，然后在新的统一能量网格上进行能量区间查找，再根据预先建立好的统一能量网格与各核素能量网格之间的映射表得到核素的能区索引。该种方法不需要修改原始能量网格和截面数据，中子输运模拟时仍然采用各个核素原始截面数据进行插值计算，可有效保证核素截面数据的正确性，而且不会使内存消耗有显著增加，进而在提高蒙特卡罗中子输运计算效率的同时，降低内存开销。

2.3 截面重构方法

截面重构方法是应用最早的截面处理加速方法，其基本原理是主要基于“以内存换效率”的思想，通过预先构建统一能量网格和预先重构截面数据，达到提升中子输运计算效率的目的，主要可分为核素截面重构方法、材料截面重构方法和能量网格裁剪方法。

核素截面重构方法是将整个堆芯所有材料的组成核素的能量网格直接进行叠加组合成一套统一能量网格，然后每个核素按照统一能量网格的能量点进行截面重构，最后利用重构截面进行中子输运模拟。核素截面重构方法是一种全局截面重构方法，所有核素共享同一套统一能量网格，其最早应用可追溯至 RCP01 程序[1]。当堆芯材料核素成分较多时，特别是耦合燃耗计算时，该方法会显著增加内存开销。不同于核素截面重构方法，材料截面重构方法[2]是以材料为单位，对每种材料构建一套统一能量网格，然后对该种材料的所有组成核素按照材料的统一能量网格进行截面重构。此时，每种材料的组成核素共享同一套统一能量网格，而不同的材料其统一能量网格各不相同。一般而言，该种方法相比于核素截面重构方法，其对内存开销需求稍小。

为了解决上述方法带来的内存限制，采用能量网格裁剪方法来减少不必要的能量点和截面数据。能量网格裁剪方法是在上述方法构建的统一能量网格基础上，对能量网格进行裁剪（“瘦身”），将不重要和不必要的冗余能量点去除，只保留重要必需的能量点，在保证精度的情况下，降低内存开销。但这种方法需要修改部分能量网格，从而在截面数据上会引入额外的误差，需要对重构截面进行验证后才能使用。该方法最早应用 Serpent 程序[3]，其基本原理如下：

1）首先，根据核素或材料截面重构法的思想，以核素或以材料为单位，将所有核素的能量网格进行叠加，得到能量网格$\{E_k\}$；

2）其次，分析各个核素的能量网格，筛选出共振能量点、核反应截断能量点、S（α，β）能量点等作为重要能量点，得到能量网格$\{E_a\}$；

3）在保留$\{E_a\}$中重要能量点的基础上，采用公式（2-5）对能量网格$\{E_k\}$进行裁剪，去除冗余能量点，得到瘦身后的统一能量网格$\{E_k'\}$；

$$\frac{E_{k+1}-E_k}{E_k}<\varepsilon \tag{2-5}$$

4）对每个核素，按照统一能量网格$\{E_k'\}$重构截面数据。

以 Serpent 程序[3]为例，采用 JEFF－3.1 核数据，假设在中子输运模拟过程中，考虑 233 种裂变产物核素和 40 种锕系核素，当直接采用核素截面重构方法时，统一能量网格的能量点将达到 796 804 个，保存对应截面数据预计需内存 8.4 Gb。为了减少内存开销，当采用能量网格裁剪方法时，采用不同裁剪因子（ε）时，对应的统一能量网格的能量点数目和预计内存开销如表 2-1 所示。

表 2–1　不同裁剪因子对应的能量点数目和内存开销

裁剪因子 ε	能量点数	内存开销/Gb
0	796 804	8.40
10^{-6}	737 333	7.83
10^{-5}	449 637	5.14
10^{-4}	165 118	2.27
10^{-3}	83 824	1.24
10^{-2}	70 859	1.06
10^{-1}	69 035	1.03

2.4 截面索引方法

为了弥补截面重构方法在内存开销大的不足，截面索引方法是在各个核素的能量网格之外，重新构建一套新的“统一能量网格”，然后在新的统一能量网格上进行能量区间查找，再根据预先建立好的统一能量网格与各核素能量网格之间的映射表得到核素的能区索引关系。该种方法不需要修改原始能量网格和截面数据，中子输运模拟时仍然采用各个核素原始截面数据进行插值计算，可有效保证核素截面数据的正确性，而且不会显著增加内存消耗，进而在提高蒙特卡罗中子输运计算效率的同时，可降低内存开销。根据构建统一能量网格与原始网格之间索引关系的不同，可分为核素指针法和哈希表方法。

2.4.1 核素指针法

核素指针法是通过构建统一能量网格与原始网格之间指针索引关系，来实现中子能量的快速查找，其可分为双索引（Double-indexing）方法、Fractional Cascade 方法和混合法。

1. 双索引方法

双索引方法[3]的基本思想是，首先将所有核素的能量网格进行叠加，建立一套新的统一能量网格$\{E_k\}$；其次，针对每个核素，预先计算这一能量网格$\{E_k\}$与每个核素能量网格$\{E_{m,h}\}$之间的映射关系f_m，即$f_m(E_k)\rightarrow E_{m,h}$（$m=1,\cdots,M$）。理想情况下，如果$\{f_m, m=1,\cdots,M\}$将$\{E_k\}$与$\{E_{m,h}\}$之间实现一一映射关系，则可以根据统一能量网格$\{E_k\}$上的索引直接找到各核素能量网格$\{E_{m,h}\}$上的索引，此时能量区间查找的时间复杂度主要取决于在统一能量网格$\{E_k\}$上进行二分查找的时间。假设统一能量网格$\{E_k\}$上的能量点总数为N_k，此时公式（2-4）所描述的能量查找的时间复杂度变为$O(\log_2 N_k)$。然而，实际上将所有核素上建立一一映射关系基本不可能实现。在不满足一一映射关系下，首先需要将中子能量E在$\{E_k\}$上找到的能量区间(E_k, E_{k+1})映射到$\{E_{m,h}\}$上，此时$f_m(E_k)\rightarrow E_{m,h}$，$f_m(E_{k+1})\rightarrow E_{m,l}$；其次，在核素 m 的能量网格$\{E_{m,h}\}$上的子区间（$E_{m,h}$，$E_{m,l}$）（其中$l\geqslant h$）再次进行二分查找，即可得到对应的能量区间。对于不同核素、不同能量区间，假设子区间（$E_{m,h}$，$E_{m,l}$）的平均长度为n，此时整个能量查找过程的时间复杂度为：

$$O(\log_2 N_k)+\sum_{m=1}^{M}O(\log_2 n_m)\approx O(\log_2 N_k)+M\times O(\log_2 n) \tag{2-6}$$

该方法已在 Serpent 程序和 JMCT 程序中开展了应用。以 JMCT 程序为例[4]，选取一个典型压水堆燃料棒栅元的输运–燃耗耦合计算为例，计算寿期初与寿期中栅元的无限增殖因子。燃耗寿期初（BOL）燃料棒中包含 19 种核素，寿期中（MOL）按照指定策略分别选取了 50、90、130 以及 200 种核素，中子输运计算共运行 100 代，其中选取后 50 代作为活跃代，每代计算 10 000 个中子。优化效果如表 2-2 所示。

表 2–2 考虑不同核素数目时的计算时间 单位：s

燃料区核素数目	二分查找	优化查找
19（BOL）	366.26	350.52
50（MOL）	421.33	375.68
90（MOL）	584.71	419.96
130（MOL）	766.13	463.78
200（MOL）	1 285.62	688.13

结果表明，当燃料棒核素数目较少时，由于整个能量查找时间占总时间比例较小，此时加速效果并不明显；随着燃耗加速，考虑核素数目逐渐增多，能量查找时间占比增大，此时加速效果逐渐显著。

2. Fractional Cascade 方法

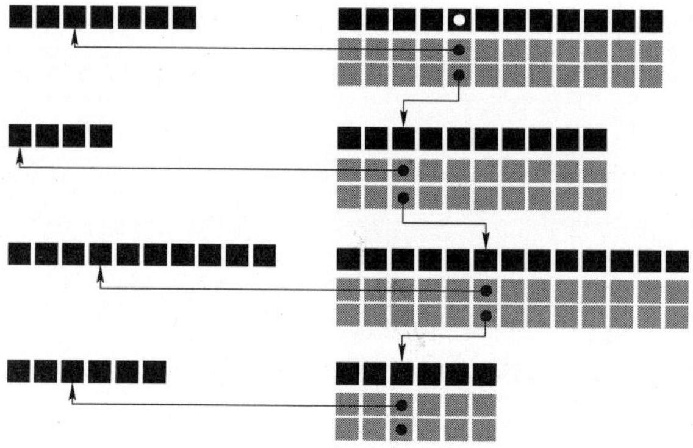

图 2-2 Fractional cascade 方法的能量网格及查找流程（以 4 个核素为例）

图 2-2 给出了以考虑由 4 个核素组成的材料为例，基于 Fractional cascade 方法[5]进行能量网格构建及能量区间的查找流程。其基本思想如下：假设每个核素原始的能量网格为$\{E_1, E_2, E_3, \cdots, E_M\}$（$M=4$），根据核素的原始能量网格构建一系列新能量网格$\{L_1, L_2, L_3, \cdots, L_M\}$（$M=4$），假设每个能量网格的长度为$N_m$，并对每个新能量网格$\{L_m\}$（$m=1, 2, \cdots, M$）上的能量点构建一对指针（$P_{m,1}, Q_{m,2}$），此时对每个新能量网格$\{L_m\}$将会得到两个指针序列，即$\{P_{m,1}, P_{m,2}, P_{m,3}, \cdots, P_{m,Nm}\}$和$\{Q_{m,1}, Q_{m,2}, Q_{m,3}, \cdots, Q_{m,Nm}\}$。其中，原始能量网格、新能量网格、指针序列之间具有如下关系：

1）对最后一个核素（第 M 个核素）构建新能量网格时，满足 $L_M=E_M$；

2）新能量网格$\{L_m\}$由第 m 个核素的原始能量网格$\{E_m\}$和新能量网格$\{L_{m+1}\}$上的能量点叠加而成；

3）指针 $P_{m,i}$（$i=1, 2, \cdots, N_m$）指向能量网格$\{L_m\}$上的能量点 $E_{m,i}$ 在核素 m 原始能量网格$\{E_m\}$上的位置（数组索引关系）；

4）指针 $Q_{m,i}$（$i=1, 2, \cdots, N_m$）指向能量网格$\{L_m\}$上的能量点 $E_{m,i}$ 在核素 $m+1$ 对应

的新能量网格$\{L_{m+1}\}$上的位置（数组索引关系）。

通过预先构建能量网格$\{L_m\}$、$\{L_{m+1}\}$、$\{E_k\}$之间的映射索引关系，在计算材料的宏观截面时，只需对第一个核素能量网格进行一次二分查找，即可通过各个能量网格之间的索引关系快速找到其他核素对应的能量区间。

3. 混合法

在核反应堆中，特别在热中子反应堆中，中子的平均自由程通常比燃料棒的宏观几何尺寸要大，使得中子在输运一步过程中可能会穿过多个材料边界（见图 2-3）。根据蒙特卡罗中子输运的马尔科夫过程，当中子穿过材料边界（进入新材料）时，需对中子在新材料中的核反应截面重新进行计算，当中子一步穿过的材料边界越多，则能量区间查找次数越多，耗费大量的计算时间。理论上，中子输运一步过程中，由于中子能量本身并未发生变化，理论上只需一次能量查找即可得到多个材料的能量区间。此时，可通过预先构建材料边界处在空间上相邻两种材料的能量网格索引关系，实现快速的能量区间查找和截面计算。此类方法称为混合方法[6]，它是一种基于 Double-indexing 方法和 Fractional Cascade 方法耦合的方法，结合了两种方法构建能量网格及索引关系的优点。

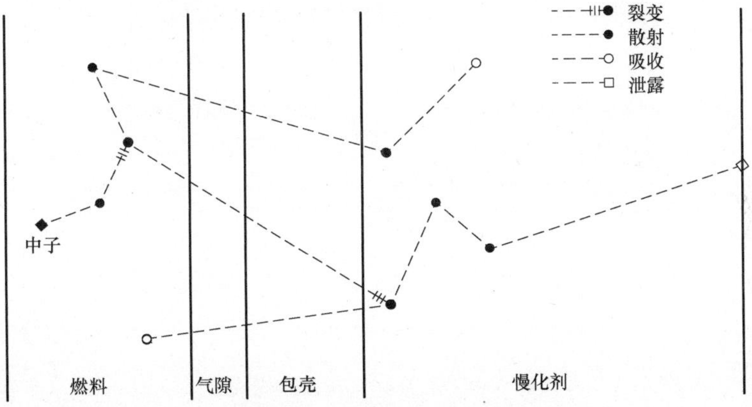

图 2-3 中子输运模拟过程

混合法的基本原理如下：首先，以材料为单位，基于 Double-indexing 构建统一能量网格及索引关系，将每种材料组成核素的能量网格进行叠加，得到每种材料的统一能量网格，并构建统一能量网格与该材料各个组成核素原始能量网格之间的索引关系；其次，确定材料之间的邻居关系（空间上相邻），假设材料 1 和材料 2 为邻居关系（空间上相邻），将材料 1 的统一能量网格与材料 2 的统一能量网格相互构建索引关系，对每种材料而言，需要构建该材料与其所有邻居材料之间的能量索引关系。以图 2-4 为例，当中子穿越材料边界从材料 1 进入其邻居材料 2 时，首先根据中子能量 E 在材料 1 统一能量网格上的索引编号 i，即包含能量 E 的范围（$E_{1,i-1}$, $E_{1,i}$）；其次，通过材料 1 的邻居材料 1 的索引关系得到在材料 2 统一能量网格上包含能量 E 的子区间（$E_{2,l}$, $E_{2,h}$）；再次，在子区间（$E_{2,l}$, $E_{2,h}$）范围内进行二分查找，得到包含能量 E 的索引编号 k；最后，通过统一能量网格与各核素原始能量网格之间的索引关系，便可直接得到各个核素的能量区间。可以发现，到中子从材料 1 进入材料 2 时，只需通过一次二分查找即可快速确定材料 2 的能量区间，进而实现快速地材料截面计算，加速截面处理效率。

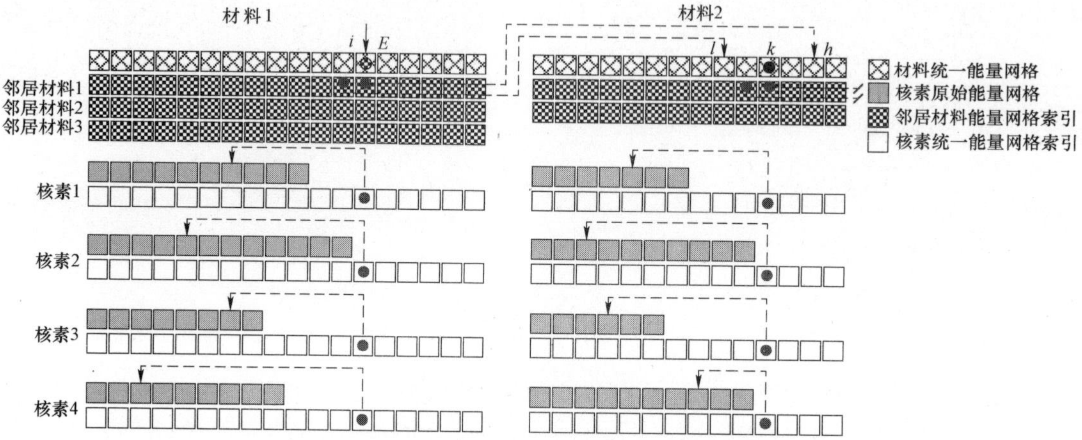

图 2-4　混合法统一能量网格构建及查找过程

基于混合法利用 OPR1000[7]、HM[8]、BEARS[9]三个堆芯例题开展了蒙特卡罗临界计算分析。如图 2-5～图 2-7、表 2-3～表 2-5 所示，OPR1000 模型是一个 177 燃料组件的压水堆堆芯，燃料组件为 16×16 布置形式，堆芯包含 5 种燃料棒形式；HM 模型是一个 241 燃料组件的压水堆堆芯，燃料组件为 17×17 布置形式，堆芯所有燃料组件都是 UOX 燃料；BEAVRS 模型是一个 193 燃料组件的压水堆堆芯，燃料组件为 17×17 布置形式，堆芯包含 3 种富集度、经过一定燃耗的燃料。从表 2-6 可以看出，随着模型复杂度增加，采用加速方法得到的加速效果将更加显著，同时由于核素成分越多，对于内存占用的开销也增加。

表 2–3　堆芯材料及核素组成

材料种类	核素数目
包壳	5
含硼水	4
2.00%富集度 UO_2 燃料	3
2.37%富集度 UO_2 燃料	3
2.87%富集度 UO_2 燃料	3
3.37%富集度 UO_2 燃料	3
6%Gd＋天然铀	10

图 2-5 OPR1000 堆芯几何结构

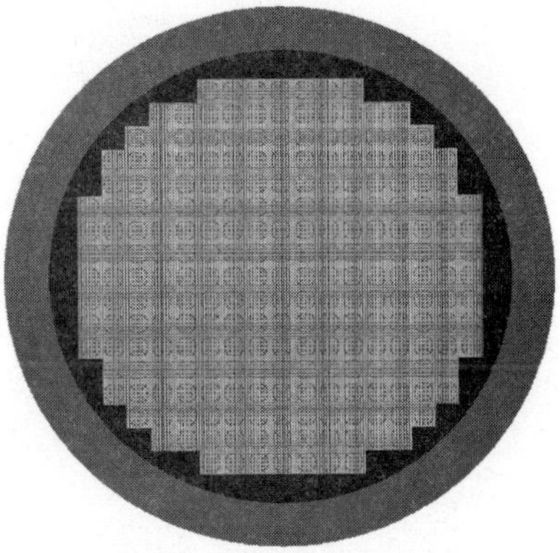

图 2-6 HM 堆芯几何结构

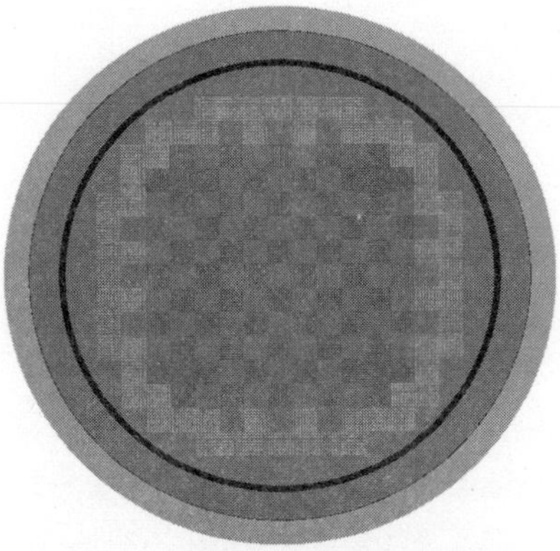

图 2-7 BEAVRS 堆芯几何结构

表 2–4 堆芯材料及核素组成

材料种类	核素数目
UOX 燃料	34
包壳	5
含硼水	4
压力容器材料	28

表 2–5 堆芯材料及核素组成

材料种类	核素数目
含硼水	7
包壳	25
Inconel 合金	17
控制棒	12
1.6%富集度燃料	108
2.4%富集度燃料	118
3.1%富集度燃料	107

表 2–6 加速效果及内存开销情况

例题	未采用加速方法		采用加速方法		加速效果	
	计算时间/s	内存开销/MB	计算时间/s	内存开销/MB	加速比	增加内存/MB
OPR	401.0	57.2	310.1	132.6	1.29	75.4
HM	889.2	169.2	588.5	643.0	1.52	473.8
BEAVRS	3 020.3	325.1	1 780.9	2 719.6	1.70	2 394.5

2.4.2 哈希函数方法

哈希（Hash）函数方法，又称为散列函数、散列查找方法，它是一种通过解析函数的形式直接将中子能量与哈希表地址（数组索引序号）进行映射的方法，其又可分为传统哈希函数法和改进哈希函数法。

1. *传统哈希函数法*

传统哈希函数[10]基本思想如下：

1）假设所有核素能量网格最小值和最大值为 $E_{\min}$、$E_{\max}$，将能量网格区间［$E_{\min}$，$E_{\max}$］以平均对数能量 Δu 为增量，将其划分为 K 个能量区间，构建一套新的统一能量网格$\{E_{\min}\mathrm{e}^{k\Delta u}\}$（$i$=0, 1, 2, ⋯, K）：

$$\Delta u=\frac{\log(E_{\max}/E_{\min})}{K} \tag{2-7}$$

2）基于式（2-7）构建中子能量 E 与统一能量网格$\{E_{\min}\mathrm{e}^{k\Delta u}\}$之间的哈希函数：

$$k(E)=\left\lfloor\frac{\log(E/E_{\min})}{\Delta u}\right\rfloor \tag{2-8}$$

3）将统一能量网格$\{E_k=E_{\min}\mathrm{e}^{k\Delta u}\}$与各个核素（$m$=1, 2, ⋯, M）的原始能量网格$\{E_m\}$之间构建索引关系：

$$f_{\mathrm{m}}(E_k)\rightarrow E_{m,h} \tag{2-9}$$

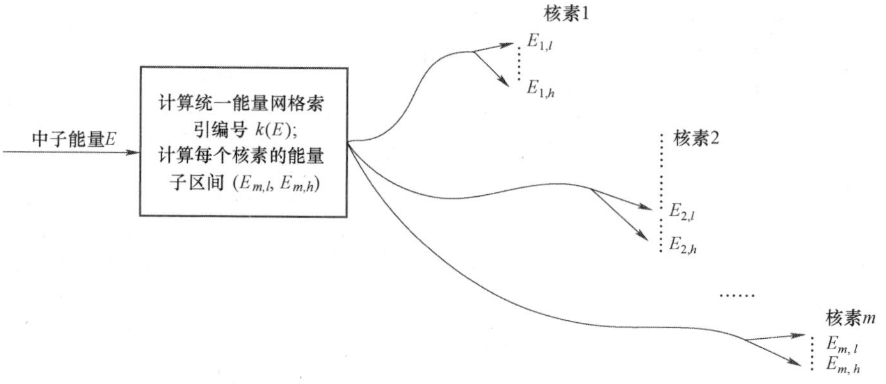

图 2-8 基于哈希函数法进行中子能量查找

如图 2-8 所示，基于哈希函数法进行中子能量查找时，首先根据中子能量 E，基于式（2-8）计算中子能量在统一能量网格中的索引序号 $k(E)$，则在统一能量网格上包含中子能量 E 的能量区间为（$E_k = E_{\min}e^{k\Delta u}, E_{k+1} = E_{\min}e^{(k+1)\Delta u}$）；然后针对每个核素，利用索引关系函数 f_m 将统一能量网格区间（E_k, E_{k+1}）转化到核素 m 原始能量网格的子区间（$E_{m,l}, E_{m,h}$）；最后，在核素 m 的能量网格子区间（$E_{m,l}, E_{m,h}$）内利用二分查找快速找到包含中子能量 E 的能量区间，并进行截面插值计算。该方法目前已在 OpenMC[2]、JMCT[4]、MCNP6[10]、RMC[11]程序中进行应用，其中 MCNP6 通过测试发现，为了平衡计算效率和内存开销，建议统一能量网格的能量点 K=8 000 比较均衡，对简单模型测试发现，其最大加速比可达到 1.9 左右。

2. 改进哈希函数法

对传统哈希函数法分析可知，影响中子能量查找效率主要包含两个因素：统一能量网格能量点数目 K 的大小以及子区间（$E_{m,l}, E_{m,h}$）能量点数目的大小。为了尽可能提高中子能量查找效率，在 K 值一定情况下，子区间（$E_{m,l}, E_{m,h}$）能量点数目越少越好，完全理想情况下 $h=l+1$，此时则无需额外查找，直接利用 $E_{m,l}$、$E_{m,h}$ 及其对应截面进行插值截面计算。事实上，这种情况是不可能实现的，只能采取合适的方法尽可能压缩子区间（$E_{m,l}, E_{m,h}$）的大小。传统哈希函数法采用统一的平均对数能降 Δu 进行能量网格划分，而这将会使得在共振能区的统一能量网格区间（E_k, E_{k+1}），与其对应的核素能量网格子区间（$E_{m,l}, E_{m,h}$）里包含大量的能量点，而这将使得中子能量查找效率降低。其主要原因在于，在 ACE 格式截面数据库中，为了准确描述共振能区中子核反应物理过程（见图 2-9），通常在共振能区需要用大量的能量点及截面数据才能准确反映共振效应。

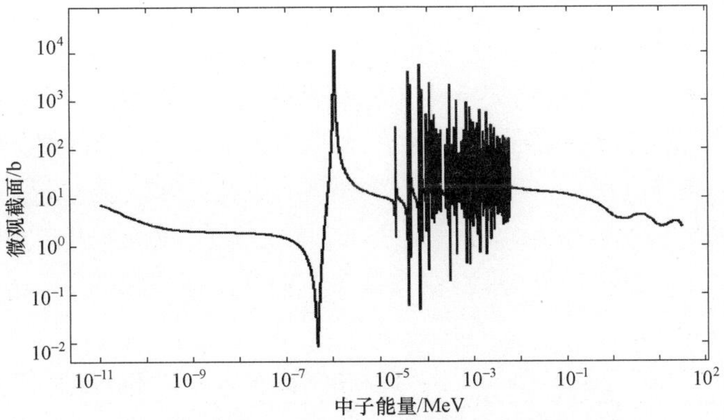

图 2-9 ^{240}Pu 散射核反应截面随能量变化图

以表 2-7 为例，当基于传统哈希函数法对部分共振核素进行能量网格查找时，绝大部分核素 90%以上的能量点处在共振能区，而热区和快区的能量点较少。若采用传统哈希函数法中的均匀平均对数能降构建统一能量网格，将导致在共振能区的 1 600 个能量网格点内覆盖了核素 90%以上的能量点，而剩下 6 400 个能量网格内却覆盖不足 10%的核素能量点，这将使得当中子能量处于共振能区时，能量区间查找效率显著降低。

表 2–7 传统哈希函数法（K=8 000）中部分共振核素的能量点分布情况

核素	热区能量点数目	共振区能量点数目	快区能量点数目	核素原始能量网格能量点总数
	E<1 eV	1 eV≤E<10 keV	10 keV≤E	
	[1, 3 200] 1)	[3 200, 5 800]	[5 800, 8 000]	
^{234}U	353	24 505	499	25 357
^{235}U	447	75 686	385	76 518
^{236}U	337	23 299	374	24 010
^{238}U	338	87 225	60 198	147 761
^{237}Np	639	39 907	369	40 915
^{238}Pu	429	13 485	399	14 313
^{239}Pu	579	71 041	416	72 036
^{240}Pu	523	46 560	1 007	48 090
^{241}Pu	580	17 455	395	18 430
^{242}Pu	339	15 022	275	15 636
^{241}Am	805	18 476	473	19 754
^{243}Am	484	26 391	242	27 117
^{244}Cm	345	18 253	248	18 846

注：1）统一能量网格对应的索引编号。

为了弥补传统哈希函数方法的不足，增加共振能区统一能量网格的能量点数，改进哈希函数[12]采用非均匀对数能降构建统一能量网格。基本思想如下：

1）假设所有核素能量网格最小值和最大值为 $E_{\min}$、$E_{\max}$，将能量网格区间 [$E_{\min}$, $E_{\max}$] 进行分段，热区：$E_{\min} \leqslant E < E_{th}$；共振区：$E_{th} \leqslant E < E_{re}$；快区：$E_{re} \leqslant E \leqslant E_{\max}$；

2）为了增加共振能区统一能量网格的能量点数，对 3 个能区采用非均匀平均对数能降 Δu_1、Δu_2、Δu_3 构建统一能量网格，3 个能区对应划分的能量点数分别为 N_1、N_2 和 N_3：

$$\Delta u_1 = \frac{\ln(E_{th} / E_{\min})}{N_1},\ \Delta u_2 = \frac{\ln(E_{re} / E_{th})}{N_2},\ \Delta u_3 = \frac{\ln(E_{\max} / E_{re})}{N_3} \tag{2-10}$$

得到统一能量网格各能量点为：

$$E_k = \begin{cases} E_{\min} e^{k\Delta u_1}, & 0 \leqslant k \leqslant N_1 \\ E_{th} e^{(k-N_1)\Delta u_2}, & N_1 < k \leqslant N_1 + N_2 \\ E_{re} e^{(k-N_1-N_2)\Delta u_3}, & N_1 + N_2 < k \leqslant N_1 + N_2 + N_3 \end{cases} \tag{2-11}$$

3）将统一能量网格 $\{E_k\}$ 与各核素的原始能量网格 $\{E_m\}$ 构建索引关系，得到对应的索引编号数组：

$$\left[i_{m,0}, i_{m,1}, \ldots, i_{m,N_1}, i_{m,N_1+1}, \ldots, i_{m,N_1+N_2}, i_{m,N_1+N_2+1}, \ldots, i_{m,N_1+N_2+N_3}\right] \quad (2\text{-}12)$$

4）为了尽可能地减少统一能量网格各网格区间（E_k, E_{k+1}）对应的核素能量子区间（$E_{m,l}, E_{m,h}$）的大小，采用如下优化函数对 N_1、N_2 和 N_3 进行自适应优化：

$$\begin{cases} \text{目标函数}: f_{\min} = \sum_{m=1}^{M}\sum_{j=1}^{N_0}(i_{m,j} - i_{m,j-1}) / \sum_{j=1}^{N_0} L_{m,j} \\ \text{约束条件}: \begin{cases} 0 < N_1 \leqslant N_2 \\ 0 < N_3 \leqslant N_2 \\ N_1 + N_2 + N_3 = N_0 \end{cases} \end{cases} \quad (2\text{-}13)$$

以目标函数 $f_{\min}$ 最小为优化目标；其中 N_0 的大小主要兼顾内存开销进行确定，通常可选择为 N_0=8 000；同时，$L_{m,j}$ 满足一下关系：

$$L_{m,j} = \begin{cases} 1, & (i_{m,j} - i_{m,j-1} > 0) \\ 0, & (i_{m,j} - i_{m,j-1} = 0) \end{cases} \quad (2\text{-}14)$$

通过对式（2-13）进行自动优化，得到最优的能量点数目 N_1、N_2 和 N_3，进而尽可能地减少统一能量网格各网格区间（E_k, E_{k+1}）对应的核素能量子区间（$E_{m,l}, E_{m,h}$）的大小，提高中子能量在各个核素能量子区间的查找效率。

基于改进哈希函数方法，通过对 OPR1000、HM、BEAVRS 堆芯模型的进行临界计算（总共计算 500 代，每代 5 000 个中子）分析表明，当 N_1=800、N_2=6 400、N_3=800 时，对 3 个模型均可以获得较好的加速效果，且总体而言，比传统哈希函数方法具有更优的查找效率。对于 OPR1000 模型，可将计算时间从 354.1 s 最少降低到 334.5 s；对于 HM 模型，可将计算时间从 632.6 s 最少降低到 610.5 s；对于 BEAVRS 模型，可将计算时间从 2 186.8 s 最少降低到 2 117.2 s；其对 3 个模型的加速比最大可达 1.20、1.46 和 1.43。因此，采用改进哈希函数方法，可在传统哈希方法的基础上，进一步压缩能量查找的时间开销，提升中子能量查找效率。如图 2-10～图 2-12 所示。

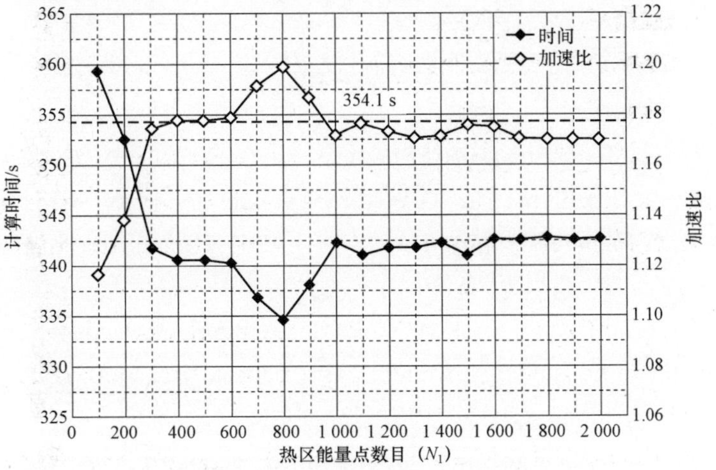

图 2-10 OPR 堆芯模型临界计算时间与加速比

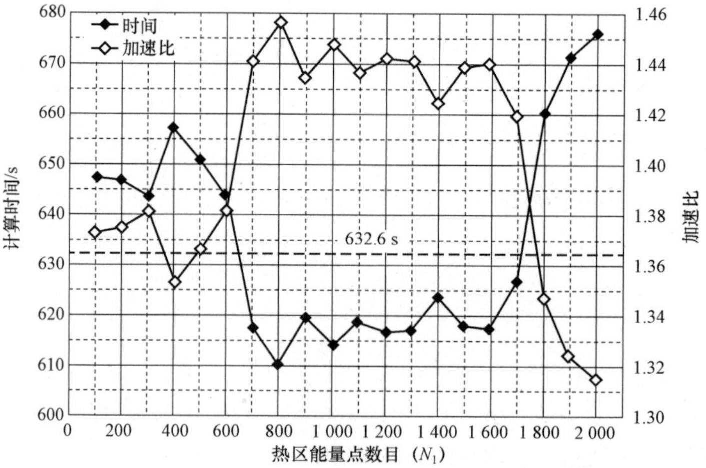

图 2-11　HM 堆芯模型临界计算时间与加速比

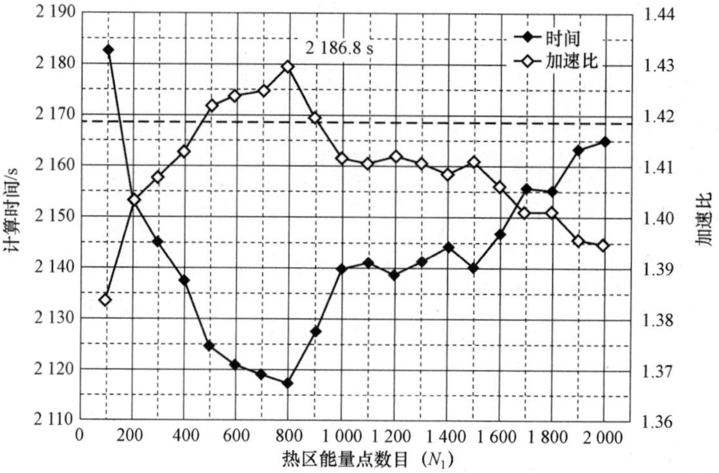

图 2-12　BEAVRS 堆芯模型临界计算时间与加速比

参考文献

［1］ Candelore N，Gast R，Ondis L. RCP01 – A Monte Carlo program for solving neutron and photon transport problems in three-dimensional geometry with detailed energy description［R］. Technical Report WAPD-TM – 1267，Bettis Atomic Power Laboratory，1978.

［2］ Walsh J A，Romano P K，Forget B，Smith K S. Optimizations of the energy grid search algorithm in continuous-energy Monte Carlo particle transport codes［J］. Computer Physics Communications，2015，196：134-142.

［3］ J. Leppanen. Two practical methods for unionized energy grid construction in continuous energy Monte Carlo neutron transport calculation［J］. Annals of Nuclear Energy，2009，

36：878-885.
[4] 李瑞，李刚，张宝印，等. JMCT优化查找策略的实现[J]. 计算物理，2016，33（5）：587-592.
[5] A. L. Lund，A.R. Siegel，B. Forget，C. Josey，P. K. Romano. Using fractional cascading to accelerate cross section lookups in Monte Carlo neutron transport calculations [C] . Joint International Conference on Mathematics and Computation，Supercomputing in Nuclear Applications and the Monte Carl Method，LaGrange Park，IL，2015.
[6] Zhenping Chen，JinsenXie，Qian Guo，et al. Neighbored material cascade grid method for energy lookup optimization in continuous energy Monte Carlo simulation [C] . Reactor Physics Asia 2017，Chengdu，Sichuan，China，August 24-25，2017.
[7] K. T. Kim，J. M. Suh. Development of an advanced PWR fuel for OPR1000s in Korea [J]. Nuclear Engineering and Design，2008，238（10）：2606-2613.
[8] J. E. Hoogenboom，W. R. Martin，B. Petrovic. The Monte Carlo performance benchmark test-aims，specifications and first results [C]. International Conference on Mathematics and Computational Methods Applied to Nuclear Science and Engineering，RJ，Brazil，2011.
[9] N. Horelik，B. Herman，B. Forget，K. Smith. Benchmark for evaluation and validation of reactor simulations （BEAVRS），v1.0.1 [C]. International Conference on Mathematics and Computational Methods Applied to Nuclear Science and Engineering，Sun Valley，ID，2013.
[10] F. B. Brown. New hash-based energy lookup algorithm for Monte Carlo codes [J]. Transactions of American Nuclear Society，2014，111：659-662.
[11] Y. Liu，D. She，K. Wang，G. Yu. Optimization treatment of point-wise nuclear data in Monte Carlo criticality and burnup calculations [J]. Annals of Nuclear Energy，2011，38：1489-1495.
[12] Zhenping Chen，Jinsen Xie，Qian Guo，et al. Physics-oriented optimization strategy for the energy lookup algorithm in continuous energy Monte Carlo neutron transport simulation. Computer Physics Communications，2019，234：146-158.

第 3 章

几何处理加速方法

3.1 概 述

蒙特卡罗中子输运方法一个最大优势[1-2]在于，该方法具有非常强大的几何处理能力，即受几何条件限制小，几何适应性强，能够处理任意复杂几何模型，这是蒙特卡罗方法一个内在的固有优势，同时也是其广受欢迎的一个重要原因。因此，蒙特卡罗方法模拟复杂几何系统的中子输运问题时，如何实现复杂几何的简单描述是进行蒙特卡罗输运计算的基础和前提。同时，当中子在相空间上进行随机游动模拟时，需要根据中子状态进行几何处理，通过确定中子当前所在的几何体和计算中子在几何系统中穿越长度（或者说中子到几何体边界距离）来确定中子每次输运时的输运长度。据统计，进行蒙特卡罗中子输运模拟时，约 30%～80%的计算时间花在几何处理上。因此，如何实现高效的几何处理方法是提高蒙特卡罗计算效率的关键。

对一个模型进行蒙特卡罗中子输运计算时，首先要对模型的几何结构进行描述，后续的中子跟踪几何处理将基于该描述进行处理。目前蒙特卡罗程序几何描述主要采用实体组合几何法（Constructive Solid Geometry，CSG），它主要通过类似“搭积木”游戏的形式将一个复杂的几何模型通过一些简单的基本几何单元来累积组成。CSG 方法又可细分为体几何描述方式和面几何描述方式，它们的区别在于其基本几何单元是体或面的不同。

在体几何描述方式[3]中（见图 3-1），几何模型的边界是利用基本实体的边界来定义的。因此，在体几何描述体系中，需要事先定义好一系列基本实体，如长方体、球体、圆柱体、圆锥体、椭球体、圆环体、楔体、六棱柱等，每个基本体将空间分成内外两个半空间，定义一个几何区域是就利用这些基本实体通过布尔运算交（intersection）、并（union）、差（difference）来组成。

在面几何描述方式[4]中（见图 3-2），几何区域的边界是由曲面方程来定义的。因此，利用面几何定义几何模型时，通常需要先定义好一系列曲面（一次、二次和特殊四次曲面）的数学表达式（关键参数）$f(x,y,z)=0$，并且每个曲面都定义了正负方向，根据 $f(x,y,z)<0$（负方向，用“−”表示）和 $f(x,y,z)>0$（正方向，用“+”表示），因此一个曲面会将整个空间分为两个半无限大空间。常见的曲面包括平面、圆柱面、圆锥面、椭圆柱面、球面、圆环面等。曲面定义好后，就可以用一系列的曲面通过布尔运算符围成一个几何模型。

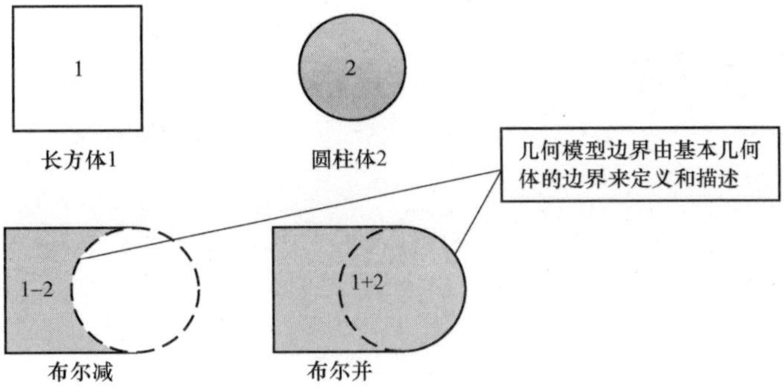

图 3-1　体几何描述方式

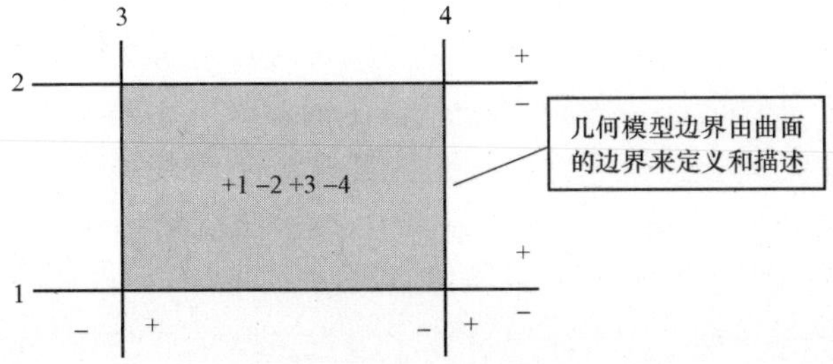

图 3-2　面几何描述方式

在第 1 章中，中子在相空间上的随机游动的输运长度计算由下式给出：

$$L=\sum_{i=1}^{I-1}\Delta L_i+\left(\frac{-\ln\xi}{\Sigma_{t,I}(E_m)}\right) \tag{3-1}$$

蒙特卡罗中子输运几何处理的主要目的就是确定在中子输运过程中每一步的中子输运长度 L 。首先，为了获得式（1-51）中当前材料的宏观总截面 $\Sigma_{t,I}(E_m)$，需要根据当前中子所在的空间坐标查找中子所在的几何体，因为整个模型中每个几何体都被唯一地赋予了特定的材料信息，因此获得了确定的几何体之后，中子当前所在的材料介质也就唯一确定了，从而可以获得该种材料的宏观总截面。其次，根据中子当前的空间坐标和运动方向，计算中子沿其飞行方向到几何体边界的距离 ΔL_i 。在计算得到 $\Sigma_{t,I}(E_m)$ 和 ΔL_i 后，中子输运长度就被完全确定。因此，几何处理的主要目的在于：① 根据中子当前状态信息（空间坐标和运动方向），查找中子所在的几何体；② 根据中子当前状态信息，计算中子沿其飞行方向到几何体边界的距离。

对于几何体查找，对于不同的几何描述方式会采用不同的处理方式。在体几何描述方式中，为确定一个中子是否在一个几何体内，需要进行底层基本体的点包容性计算。以图 3-1 中长方体布尔减圆柱模型为例，如果中子在长方体内且在圆柱体外，则中子在当前几何体中，否则不在。以图 3-2 面几何描述的长方体为例，当中子的坐标参数依次代入曲面 1、2、3、4 的面方程 f_1, f_2, f_3, f_4 中，如果满足 $f_1>0$, $f_2<0$, $f_3>0$, $f_4<0$ 条件，即中子坐标代入各面方程计算结果正负与面描述时“+1−2+3−4”面号前面的正负标记一致时，则中子在长方体内，否则不在当前几何体内。

对于边界距离计算，即点到几何边界面距离的计算，主要是通过中子轨迹方程与边界面方程联合求解得到。设中子第 m 次碰撞时中子状态为 $S_m=(r_m, E_m, \Omega_m)$，且 $r_m=(x_m, y_m, z_m)$ 和 $\Omega_m=(u_m, v_m, \omega_m)$，某一边界面方程为 $f(x,y,z)=0$，当前点沿方向 Ω_m 到该边界面的距离为 L，则中子轨迹方程满足：

$$\left.\begin{aligned} x &= x_m + Lu_m \\ y &= y_m + Lv_m \quad\quad L > 0 \\ z &= z_m + Lw_m \end{aligned}\right\} \tag{3-2}$$

因此，把式（3-1）代入边界面方程 $f(x,y,z)=0$ 便可得到关于未知量 L 的一元（一次或二次，由面方程次数决定）方程，求解该方程即可得到当前中子到边界面的距离 L。所以边界距离计算的计算时间主要花费在中子轨迹与边界面方程组联合求解上。蒙特卡罗计算时，由于中子每输运一步都需要进行输运长度式（1-51）的计算，即几何体查找和边界距离计算会被大量频繁调用，在传统的几何处理方法中，通常每一次完成几何体查找和边界距离计算的计算时间 t 正比于模型中几何体或面的规模 N，对处理大规模复杂模型时导致几何处理占据了整个蒙特卡罗计算约 30%～80%的计算时间。因此，在开发新一代堆芯物理蒙特卡罗计算程序时，为了提高蒙特卡罗程序计算效率，几何处理方法效率的高低将成为决定蒙特卡罗计算效率的重要因素。

自电子计算机诞生以后，计算机技术的快速发展为蒙特卡罗方法的深入应用和广泛发展提供了重要机遇。同时，新一代堆芯物理分析程序的高精度高保真的模拟计算需求又为蒙特卡罗方法的发展带来了极大挑战。美国阿贡国家实验室的软件中心 NESC 和橡树岭国家实验室的辐射屏蔽信息中心 RSICC 单位等收集了大量的蒙特卡罗软件。例如，具有代表性的发展和应用比较早的蒙特卡罗中子输运软件包括美国洛斯阿拉莫斯国家实验室（LANL）的 MCNP、橡树岭国家实验室（ORNL）的 MORSE 和 KENO、英国 ANSWERS 公司的 MONK 和 MCBEND、法国辐射防护和核安全研究所（IRSN）的 MORET 和法国原子能机构（CEA）的 TRIPOLI，这些软件目前都已经成功商业化应用，它们代表了目前国际上蒙特卡罗中子输运软件方法和技术最成熟的发展水平。同时，随着蒙特卡罗方法和计算机软硬件技术日趋成熟，为了满足新一代堆芯物理分析程序对计算精度和速度的更高需求，近些年来国际上又发展不少新兴的蒙特卡罗软件，具有代表性的包括美国麻省理工学院（MIT）的 OpenMC、美国诺尔原子能实验室（KAPL）的 MC21、韩国首尔大学（SNU）的 McCARD、芬兰国家技术研究中心（VTT）的 Serpent、清华大学工程物理系（REAL）的 RMC 和中国科学院核能安全技术研究所（INEST）的 SuperMC，这些软件的发展大都以满足未来先进反应堆发展为需求，代表了目前国际上蒙特卡罗中子输运软件发展的最新动态和发展趋势。

表 3-1 主要汇总了目前国际上主要蒙特卡罗程序在底层几何处理方法上的发展现状，可以看到采用体几何处理方法和面几何处理方法比例基本相当，这主要是不同程序针对不同的应用领域而采取了不同的处理方法。虽然各程序在底层几何描述方式上有所不同，但其顶层的几何处理方法主要采用国际上先进的层级结构几何处理方法。对任意

一款蒙特卡罗程序，为了实现层级结构几何处理方法，首先要基于传统 CSG 方法定义一套自己的层级结构几何描述方法。下面分别选取 MCNP 和 MCBEND 为代表，简单介绍其顶层的层级结构几何描述方法。以 MCNP 为例[4]，其层级结构采用了 universe-based 设计模式，其中包括如下几何描述单元：

表 3-1 国际主要蒙特卡罗输程序几何处理现状

程序名称	国家	研发单位	几何描述方式
MCNP	美国	洛斯阿拉莫斯国家实验室（LANL）	面几何（宏实体）
KENO	美国	橡树岭国家实验室（ORNL）	体几何
MORSE	美国	橡树岭国家实验室（ORNL）	面几何
MONK	英国	ANSWERS 公司	体几何（扩展）
TRIPOLI	法国	原子能委员会（CEA）	面几何
MCBEND	英国	ANSWERS 公司	体几何
TRIPOLI	欧盟	法国原子能机构（CEA）	体几何
MC21	美国	诺尔原子能实验室（KAPL）	面几何（扩展）
OpenMC	美国	麻省理工学院（MIT）	面几何
Serpent	芬兰	国家技术研究中心（VTT）	面几何（扩展）
JMCT	中国	中国工程物理研究院九所	体几何
RMC	中国	清华大学工程物理系（REAL）	面几何
SuperMC	中国	中科院核能安全技术研究所（INEST）	体－面混合

① 曲面（surface）：定义了各种曲面（一次、二次和特殊四次曲面）；

② 栅元（cell）：利用各种面进行布尔交并差运算，组成几何栅元；

③ 空间（universe）：多个几何栅元共同构成一个几何空间；

④ 栅格（lattice）：多个栅元或空间进行阵列得到的几何空间。

通过定义这样一些不同层级的几何描述单元，可以使得其能够对复杂模型进行有效地层级结构描述，如图 3-3 所示。

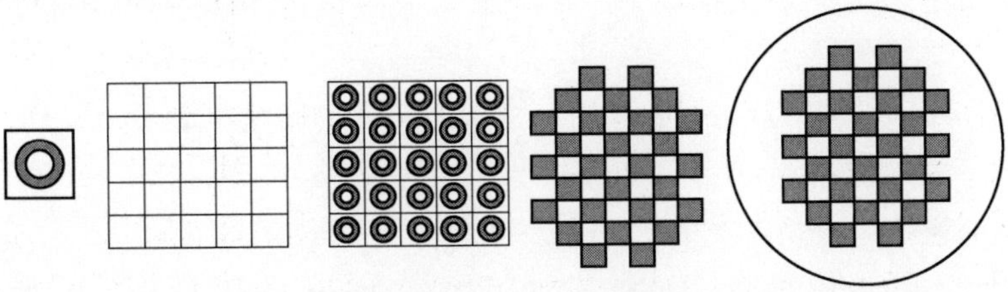

图 3-3 MCNP 层级结构描述示例

以 MCBEND[5]为例，其层级结构描述方法采用了 part-based 设计模式，其中包括如下几何描述单位：

① 实体（body）：定义各种基本实体（长方体、球体、圆柱体、圆锥体等）；

② 栅元：利用基本体以及基本体之间的布尔运算组成的几何体；

③ 几何块（part）：多个几何栅元共同构成一个几何块。

通过这样一些几何描述单元，同样可以使其能够对复杂模型进行方便地构建层级结构，如图 3-4 所示。

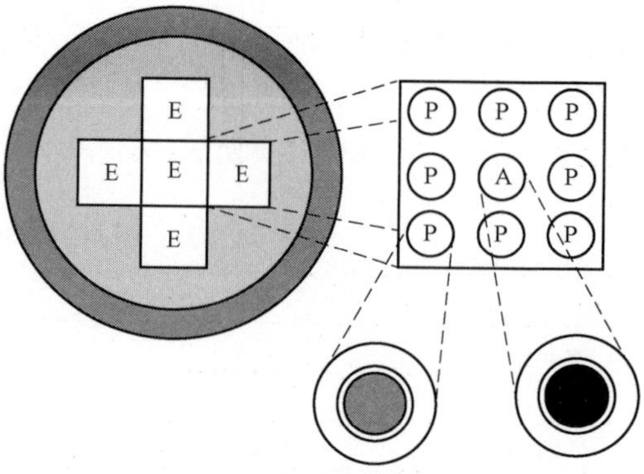

图 3-4 MCBEND 层级结构描述示例

目前大部分蒙特卡罗程序在底层几何描述上主要采用 CSG 方法（虽具体描述方式各有异同），但只有部分蒙特卡罗程序其顶层几何描述采用了层级结构几何描述方法，这主要考虑到基于层级结构几何描述可以实现基于层级结构的几何处理方法，从而提高蒙特卡罗程序的几何处理效率。因此，为了进一步提高蒙特卡罗程序几何处理效率，一些新兴发展的蒙特卡罗软件也在发展自己的层级结构几何描述方法[6-7]，并开始发展基于层级结构的几何处理方法，因为层级结构几何处理方法相比传统的非层级结构几何处理方法具有更优的平均效率。但即使基于层级结构几何处理仍然会遇到两大问题[8-9]，即弱层级几何问题和多子体几何问题。当处理大规模复杂模型时，这两类问题同样会对蒙特卡罗中子输运计算效率产生限制。因此，国际上很多蒙特卡罗软件也开始研究新的几何处理加速方法，以试图解决这两大问题来提升蒙特卡罗程序的计算效率。如 MCNP 和 RMC 程序中，为了提高中子输运计算时中子跟踪几何处理中的几何体的查找效率，开展了邻居列表加速方法和基于概率优先的邻居列表加速方法[10]研究。在 MONK 程序中，为了减少计算中子到几何体边界距离的时间，采用 delta-tracking 方法[11]以代替传统 ray-tracking 方法。同时，在 MC21 程序中，在传统 ray-tracking 方基础上，耦合了几何模板（Geometry Template）方法[8]来提高几何处理效率等等。可以看到，几何处理方法研究已经成为蒙特卡罗中子输运计算研究中一个非常重要方面。目前，这些方法虽有了一定的发展基础，但并未从根本上完全解决这两大问题对蒙特卡罗计算带来效率限制的影响。因此，本章主要在充分调研现有方法发展的基础上，对蒙特卡罗中子输运几何处理中的两大关键问题开展针对性加速方法研究，提升蒙特卡罗中子输运计算的效率。

3.2 中子跟踪几何处理方法

现有蒙特卡罗中子输运模拟程序中，主要基于实体组合几何方法（Constructive Solid Geometry，CSG）来实现几何结构建模与描述，其可分为体几何描述和面几何两种描述方式，同时还可以设计相应的顶层层级结构几何描述方法，以此实现基于层级结构的几何处理方法。

3.2.1 几何描述方法

1. 体几何描述方式

体几何描述方式的最大优点在于能够给用户以形象直观的几何描述感觉，因此常见蒙特卡罗程序实现的体几何描述中包括的基本体有：长方体、带角度圆柱体、带角度球体、圆锥体、带角度圆锥体、带角度圆环体。相比传统的体几何描述方式（不带角度描述功能）而言，GENAT4[12]、SuperMC[13]等程序实现的基本体具有带有角度描述功能，使得其具有更好的通用性和更好地复杂几何描述能力。在描述裂变堆芯时，由于裂变堆芯几何结构比较规则简单，因此使用体几何描述方法能够更加形象直观地描述出堆芯的燃料棒、组件和全堆芯的布置情况。因此，体几何在规则的裂变堆芯描述上更具优势和适用性。

同时，为了进一步增加对复杂几何的描述能力，CSG 方法中还定义了几何体布尔运算。通过几何体间的交、并、差（减）3 种布尔运算，利用图 3-5 中的任意两个基本进行布尔运算可以得到更复杂的几何实体，如图 3-6 所示。

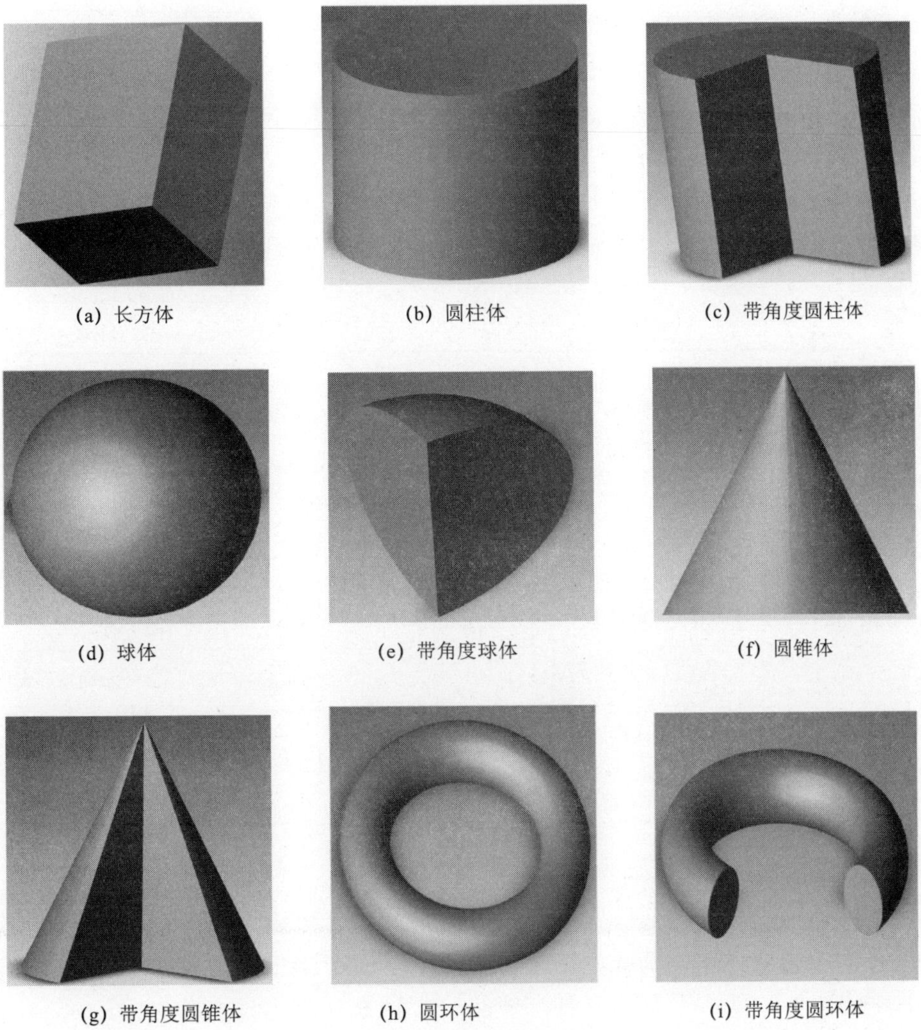

图 3-5 常见体几何描述方式

(a) 长方体∪圆柱体　　(b) 长方体−圆柱体　　(c) 长方体∩圆柱

图 3-6　基本几何体布尔运算

在进行体几何描述时，需要为每种基本几何体定义形状尺寸参数。用户在编写蒙特卡罗计算输入文件时，只需通过形状参数便可唯一定义每种基本几何的尺寸及大小，然后通过布尔运算即可进行复杂几何模型的构建与描述。体几何描述方式中常见各基本体的形状参数如表 3-2 所示。

表 3-2　常见体几何描述方式基本体参数说明

体几何类型	形状参数	说明
长方体（box）	长（*L*）、宽（*W*）、高（*H*）	无带角度描述模型
圆柱体（tube）	内半径（*R*1）、外半径（*R*2）、高（*H*）、方位角起始角（StartPhi）、方位角度（DeltaPhi）	当方位角度 2π 时为整圆柱体
球体（sphere）	内半径（R1）、外半径（R2）、方位角起始角、方位角度、极角起始角（StartTheta）、极角角度（DeltaTheta）	当方位角度 2π 和极角角度 π 为时，为整球体
圆锥体（cone）	底部内半径（*R*1）、底部外半径（*R*2）、顶部内半径（*R*3）、顶部外半径（*R*4）、高（*H*）、方位角起始角、方位角度	当方位角度 2π 时为整圆锥体
圆环体（torus）	环面内半径（*R*1）、环面外半径（*R*2）、环面旋转半径（*R*）、方位角起始角、方位角度	当方位角度 2π 时为整圆锥体

2. *面几何描述方式*

面几何描述方式最大的优点在于能够给用户以灵活便捷的几何描述感觉，同时能够实现复杂几何的简单描述，因此主流蒙特卡罗中子输运计算程序中都实现了面几何描述方式。其主要包括的基本面有：平面、球面、圆柱面、圆锥面、圆环面和任意二次曲面。每种曲面由一个唯一确定的曲面方程来定义和描述[4]，如表 3-3 所示。在描述聚变堆模型时，由于聚变堆几何结构非常复杂，用体几何描述工作量大，且易出错，此时面描述方式具有更好的优势和适用性。

表 3-3 常见面几何描述中基本面参数说明

半空间面类型			曲面方程	参数
平面	p	一般平面	$ax+by+cz-d=0$	a，b，c，d
	px	垂直 x 轴	$x-d=0$	d
	py	垂直 y 轴	$y-d=0$	d
	pz	垂直 z 轴	$z-d=0$	d
球面	s	一般球面	$(x-x_0)^2+(y-y_0)^2+(z-z_0)^2=r^2$	x_0，y_0，z_0，r
	so	球心在原点	$x^2+y^2+z^2=r^2$	r
	sx	球心在 x 轴	$(x-x_0)^2+y^2+z^2=r^2$	x_0，r
	sy	球心在 y 轴	$x^2+(y-y_0)^2+z^2=r^2$	y_0，r
	sz	球心在 z 轴	$x^2+y^2+(z-z_0)^2=r^2$	z_0，r
圆柱面	c1x	中心轴垂直于 yz 平面	$(y-y_0)^2+(z-z_0)^2=r^2$	y_0，z_0，r
	c1	中心轴垂直于 xz 平面	$(x-x_0)^2+(z-z_0)^2=r^2$	x_0，z_0，r
	c1z	中心轴垂直于 xy 平面	$(x-x_0)^2+(y-y_0)^2=r^2$	x_0，y_0，r
	cx	中心轴为 x 轴	$y^2+z^2=r^2$	r
	cy	中心轴为 x 轴	$x^2+z^2=r^2$	r
	cz	中心轴为 x 轴	$x^2+y^2=r^2$	r
圆锥面	k1x	中心轴垂直于 yz 平面	$(y-y_0)^2+(z-z_0)^2=t^2(x-x_0)^2$	x_0，y_0，z_0，t^2，+1/−1
	k1y	中心轴垂直于 xz 平面	$(x-x_0)^2+(z-z_0)^2=t^2(y-y_0)^2$	x_0，y_0，z_0，t^2，+1/−1
	k1z	中心轴垂直于 xy 平面	$(x-x_0)^2+(y-y_0)^2=t^2(z-z_0)^2$	x_0，y_0，z_0，t^2，+1/−1
	kx	中心轴为 x 轴	$y^2+z^2=t^2(x-x_0)^2$	x_0，t^2，+1/−1
	ky	中心轴为 x 轴	$x^2+z^2=t^2(y-y_0)^2$	y_0，t^2，+1/−1
	kz	中心轴为 x 轴	$x^2+y^2=t^2(z-z_0)^2$	z_0，t^2，+1/−1
圆环面	tx	中心轴垂直于 yz 平面	$(x-x_0)^2/b^2+[[(y-y_0)^2+(z-z_0)^2]^{1/2}-a]^2/c^2=1$	x_0，y_0，z_0，a，b，c
	ty	中心轴垂直于 xz 平面	$(y-y_0)^2/b^2+[[(x-x_0)^2+(z-z_0)^2]^{1/2}-a]^2/c^2=1$	x_0，y_0，z_0，a，b，c
	tz	中心轴垂直于 xy 平面	$(z-z_0)^2/b^2+[[(x-x_0)^2+(y-y_0)^2]^{1/2}-a]^2/c^2=1$	x_0，y_0，z_0，a，b，c
二次曲面	sq	中心轴垂直于 yz 平面，xz 平面或 xy 平面	$a(x-x_0)^2+b(y-y_0)^2+c(z-z_0)^2+2d(x-x_0)+2e(y-y_0)+2f(z-z_0)+g=0$	a，b，c，d，e，f，g，x_0，y_0，z_0
	gq	一般二次曲面	$ax^2+by^2+cz^2+dxy+eyz+fxz+gx+hy+jz+k=0$	a，b，c，d，e，f，g，h，j，k，

在面几何描述方式中，曲面 $f(x,y,z)=0$ 将整个空间分成了正（$f(x,y,z)>0$，“+”）、负（$f(x,y,z)<0$，“−”）两部分。通过不同面间的布尔运算以可以以灵活便捷地描述复杂几何。以图 3-7 模型为例，平面 1（$f_1(x,y,z)=0$）和平面 2（$f_2(x,y,z)=0$）将整个空间分成了 4 个象限空间，用“+1”表示满足 $f_1(x,y,z)>0$ 的空间，用“−1”表示满足 $f_1(x,y,z)<0$ 的空间。同理，用“+2”表示满足 $f_2(x,y,z)>0$ 的空间，用“−2”表示满足 $f_2(x,y,z)<0$ 的空间。因此两个平面将全空间分割成的 4 个象限空间可以标记为：第一象限空间表示为“+1−2”，第二象限空间表示未“+1 +2”，第三象限空间表示为“−1−2”，第四象限空间表示为“−1−2”。这里面号之间的空格符“ ”被称作布尔交运算符，同时用“:”表示布尔并运算符，用“#”表示布尔减运算符。通过这 3 种布尔运算，利用各种基本面可以实现对复杂几何模型的描述。

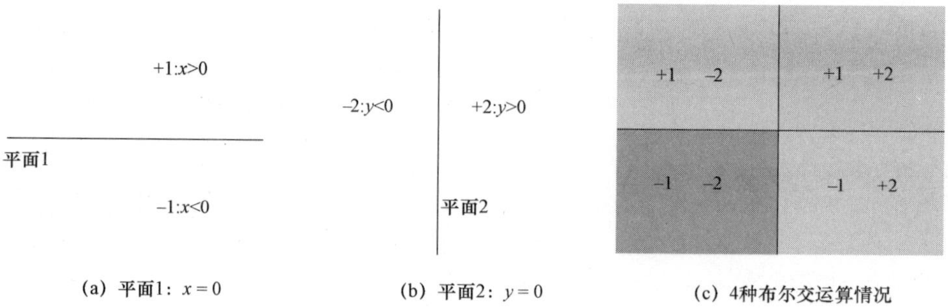

图 3-7 基本面布尔（交）运算示例

3. *层级结构描述方法*

基于前述体几何描述方式和面几何描述方式，为了同时结合两种方法的优点，并弥补单一方法的缺点与不足，可以将两种底层几何描述方式进行统一，并以此定义层级结构几何描述方法[14-17]（见图 3-8），进而可以采用更便捷方法实现对复杂几何的描述。在层级结构几何描述中，主要涉及以下相关几何描述概念：

1）几何元素（Geometry Entity）：几何元素是描述模型最底层、最基本、最简单的几何组成单元，包括基本体和基本面。因此，一个几何元素可以是一个基本体，包括长方体、圆柱体、球体、椭圆柱、圆锥体、正六棱柱和圆环体等；也可以是一个基本面，包括平面、二次曲面和特殊四次曲面等。

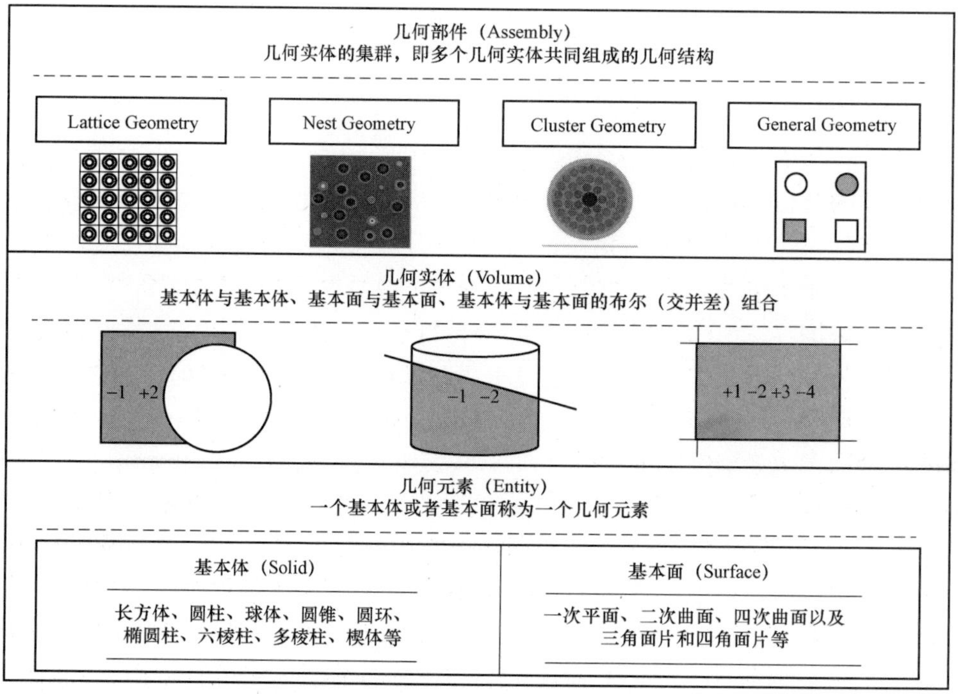

图 3-8 层级结构几何描述示意图

2）几何实体（Geometry Volume）：若干个几何元素通过布尔运算（交、并、差）而组成的几何空间，称为几何实体。

3）几何部件（Geometry Assembly）：若干个几何实体通过布尔运算而组成的几何空间，称为几何部件。在蒙特卡罗计算时，几何部件被赋予了材料和空间位置信息。同时，几何部件又分为简单几何部件和复杂几何部件。简单几何部件（Simple Assembly）是指由一个或多个几何实体通过布尔组合而成，且无内部细致几何结构，整个部件只包含一种材料的部件。复杂几何部件（Detailed Assembly）是指利用简单部件进行再组合（即填充方式）而成的具有内部细致结构，包含多种材料的部件。在堆芯计算中，常见几类几何部件有：

① Lattice 几何（Lattice Geometry）：在描述反应堆如轻水堆 LWR、快堆 FR 等具有规则排列的堆芯几何时，为了减少输入文件的数据量，简化几何描述而定义的一种几何阵列描述方式，分为四边形和六角形重复结构。

② Nest 几何（Nest Geometry）：主要用于描述由包覆性颗粒燃料（Fuel Particle）组成的、具有随机或规则分布的高温气冷堆 HTGR 的几何模型。

③ Cluster 几何（Cluster Geometry）：主要用于描述重水堆（CANDU）几何堆芯模型的重复结构。

④ General 几何（General Geometry）：可用于描述任意规则或非规则排布的几何模型。

通过以上 3 种几何描述概念，几何元素、几何实体和几何部件三者间的相互辅助与耦合，可以构建一个完整有效的层级结构几何描述方法。

3.2.2 几何处理方法

1. *层级结构创建方法*

为了减少几何处理时间，提高蒙特卡罗中子输运计算效率，近年来国际上发展了先进的层级结构的几何处理方法[18-19]。层级结构的几何处理方法，即通过特定的层级结构几何描述方法，将待计算的几何模型在程序中实现以“树”型数据结构形式进行存储，然后在蒙特卡罗中子输运计算几何处理时，所有的几何处理操作以此“树”型数据结构进行遍历和搜索操作，从而实现快速几何处理。在蒙特卡罗中子输运计算中，几何处理的主要目的就是，根据中子当前状态信息（空间坐标 $r(x,y,z)$ 和运动方向 $\Omega(u,v,w)$ ）查找中子当前所在的几何体，以确定中子当前碰撞点的材料信息，同时计算中子到几何边界的距离以确定中子当前的输运长度。

如图 3-9 所示，表示一个源中子及其次级中子在整个模型中的蒙特卡罗输运模拟过程。源中子在① 处产生，然后分别在②③④处产生次级中子，然后各次级中子分别在⑤⑥⑦⑧处历史终止。因此，几何体查找的目的就是在跟踪中子历史过程中，在每一个碰撞点（图中的折线拐点）处查找中子当前所在的几何体，以获取该几何体对应的材料信息，从而确定中子在碰撞点处发生何种物理反应（弹性散射、吸收、裂变反应等）。

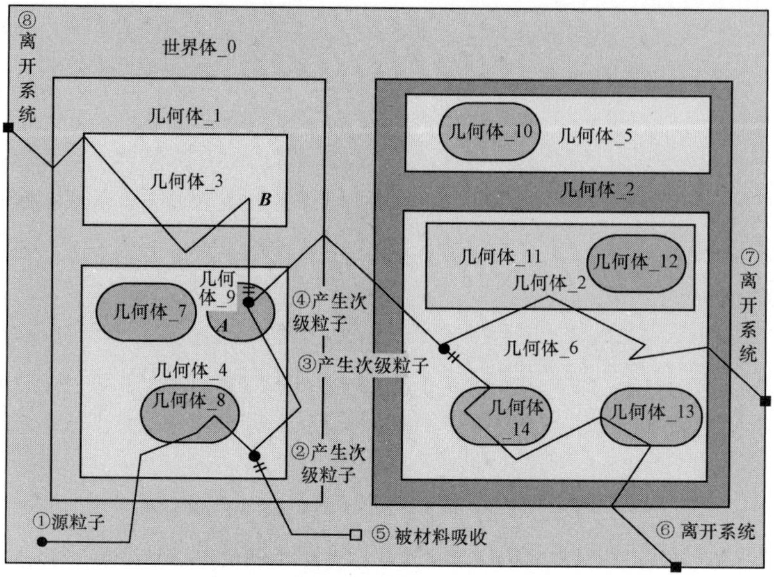

图 3-9　蒙特卡罗中子输运中子跟踪过程

以图 3-9 所示的几何模型为例，图中总共有 $N(N=15)$ 个几何体，为了查找中子每次碰撞点所在的几何体，传统的查找方法就是“逐个查找”法，即对 N 个几何体从第 0 个至第 $N-1$ 个几何体依次查找，直到找到中子当前所在的几何体位置，可以看到起查找算法的复杂度为 $O(N)$。因此，当几何模型非常复杂时，如对一个压水堆 pin by pin 堆芯精细建模[20-22]时，N 值达到数百万量级，故而这种传统的“逐个查找”方法的效率是非常低的，这种查找方法的效率已经不能满足新一代堆芯物理分析程序对计算效率的需求。因此，在基于树形层级结构几何表达方法中，程序内部的几何模型的数据结构是以“树”的数据结构存储。根据计算机图形学理论可知，对于具有 N 个节点的“树”型数据结构，其查找的平均复杂度为 $O(\log N)$。

根据计算机图形学里的 BVH（Bounding Volume Hierarchy）方法[23]，利用包围体树来构建任意一个几何模型的树形层级结构是非常实用和有效的。BVH 方法被广泛应用在计算机图形学中的几何模型干涉检测（Interference Detection）领域，它已被作为一种非常成熟的加速方法用以提高几何模型干涉检测的速度和效率，常见的 BVH 方法有方向包围盒 OBB（Oriented Bounding Box）、轴向包围盒 AABB（Axis-Aligned Bounding Box）、包围球 BS（Bounding Sphere）等方法。在层级结构几何描述方法中，一个几何体可以被一个或多个其他几何体进行填充，而这也就构成了一种空间包含关系。因此，在蒙特卡罗程序中一种常用的 BVH 方法就是将被填充几何体的边界作为一个包围体（Bounding Volume），且定义了与填充几何体之间的拓扑“母子”关系（包含与被包含关系）。例如如果一个几何体 A 的边界将另一个几何体 B 的边界完全包住，则称 A 与 B 互为母子关系，其中 A 为母几何体，B 为子几何体。基于该定义，图 3-9 所示模型在树形层级结构描述中可表示为图 3-10。

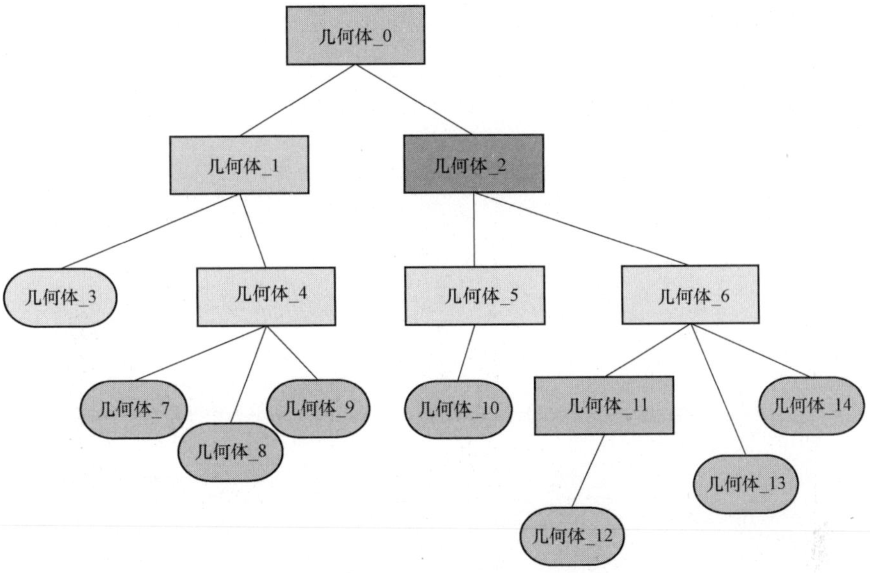

图 3-10　基于 BVH 的树形层级数据结构

在图 3-9 中，将包围整个模型（或系统）最大的、最外层的几何体称为世界体（编号 0），即其他几何体 1～14 全部被包含在世界体中。在蒙特卡罗中子输运计算时，当中子从世界体边界（如⑥⑦⑧处）离开系统时，中子将被“杀死”，中子历史模拟结束。因此，世界体定义了中子输运模拟计算时中子随机游动最大的空间范围，也是输运计算时用户感兴趣的和需要进行输运计算的几何空间。从图 3-9 和图 3-10 中可以看到，世界体包含几何体 1 和几何体 2 两个子体；其中，几何体 1 包含几何体 3 和几何体 4 两个子体，而几何体 4 包含几何体 7、8、9 三个子体。同理，几何体 2 包含几何体 5 和几何体 6 两个子体；几何体 5 包含几何体 10 一个子体；几何体 6 包含几何体 11、13、14 三个子体；几何体 11 包含几何体 12 一个子体。通过层级几何结构管理，能够有效提高几何处理效率。

2. 中子所在几何体查找

几何体查找“中子所在几何体查找”其本质为“点包容性计算”，即根据任意一个空间点（中子空间坐标和运动方向）查找包含该点的几何体。因此，在蒙特卡罗中子输运计算时，就是根据中子点坐标数据，搜索 BVH 树形层级几何数据结构，查找中子当前所在的几何体。基于 BVH 树形层级几何数据结构模型，常见有两种几何体查找方法：绝对查找法和相对查找法。

绝对查找法，又称为全局查找法（见图 3-11）。在 BVH 树形几何层级数据结构中，每次都以 BVH 树的根节点（即世界体）为查找起点，采用“前序遍历”法对 BVH 树从根节点开始逐层遍历查找；首先判断点坐标是否在母节点中，若不在其中则查找失败；若在，则依次逐个遍历其子节点；若点坐标在某一个子节点中，然后再依次逐个遍历该子节点的子节点，依次类推……直到查找到点坐标包含在某一叶子节点中，或者查找到点坐标在某一内部节点中但又不再其任一子节点中，查找结束。

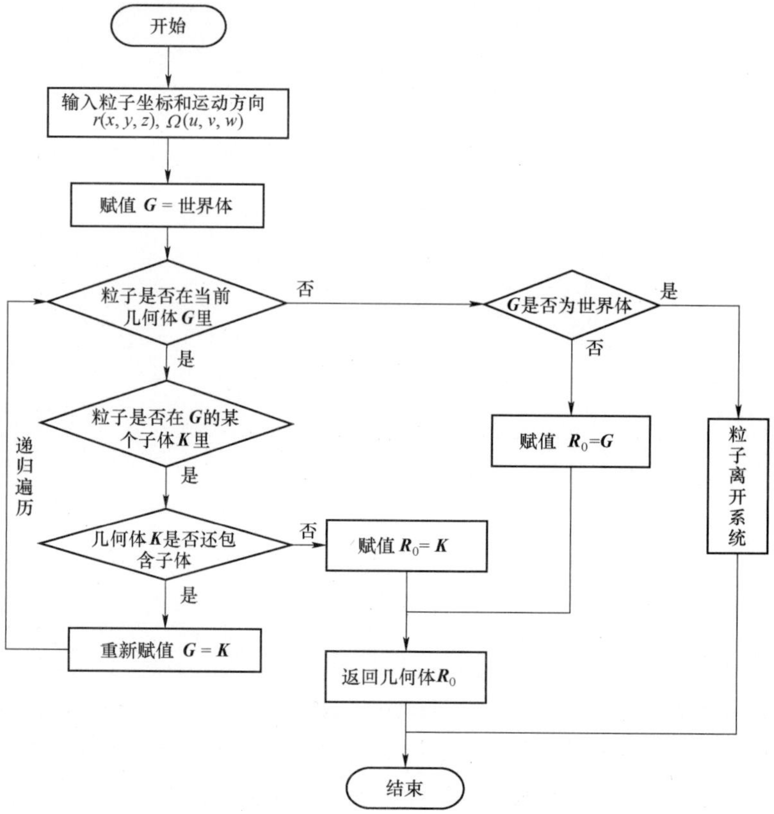

图 3-11 绝对（全局）查找方法流程示意图

以图 3-9 中蒙特卡罗中子输运跟踪模拟的 AB 一步为例，为了查找这一步起点 A 碰撞点中子所在的几何体，如果采用绝对查找方法，其查找过程如图 3-12 所示。以 BVH

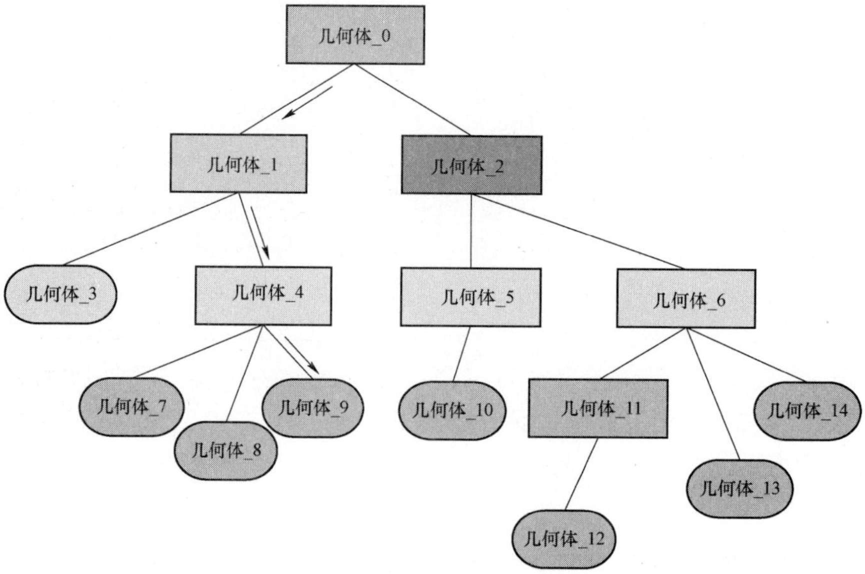

图 3-12 基于 BVH 树形层级结构绝对查找示例

树的根节点为查找起点，首先判断中子在世界体中，然后按顺序依次遍历查找世界体 0 的子几何体 1 和 2，经过判断中子在几何体 2 中；然后再依次遍历查找几何体 2 的子几何体 3 和 4，经过判断中子在几何体 4 中；然后再依次遍历查找几何体 4 的子几何体 7、8 和 9，经过判断中子在几何体 9 中；同时，几何体 9 不再包含其他子体，因此 A 碰撞点中子所在的几何体为几何体 9。

相对查找法（见图 3-13），又称为回溯查找法。以中子上一步末时所在几何体为参考位置，若中子当前一步未从上一步末时所在几何体（节点）离开，则可忽略该几何体的兄弟节点和祖先节点的所有几何体，此时只需继续遍历该几何体以及其子几何体即可，即只需遍历该节点的所有子树即可判断中子最终所在几何体。若中子离开上一步末

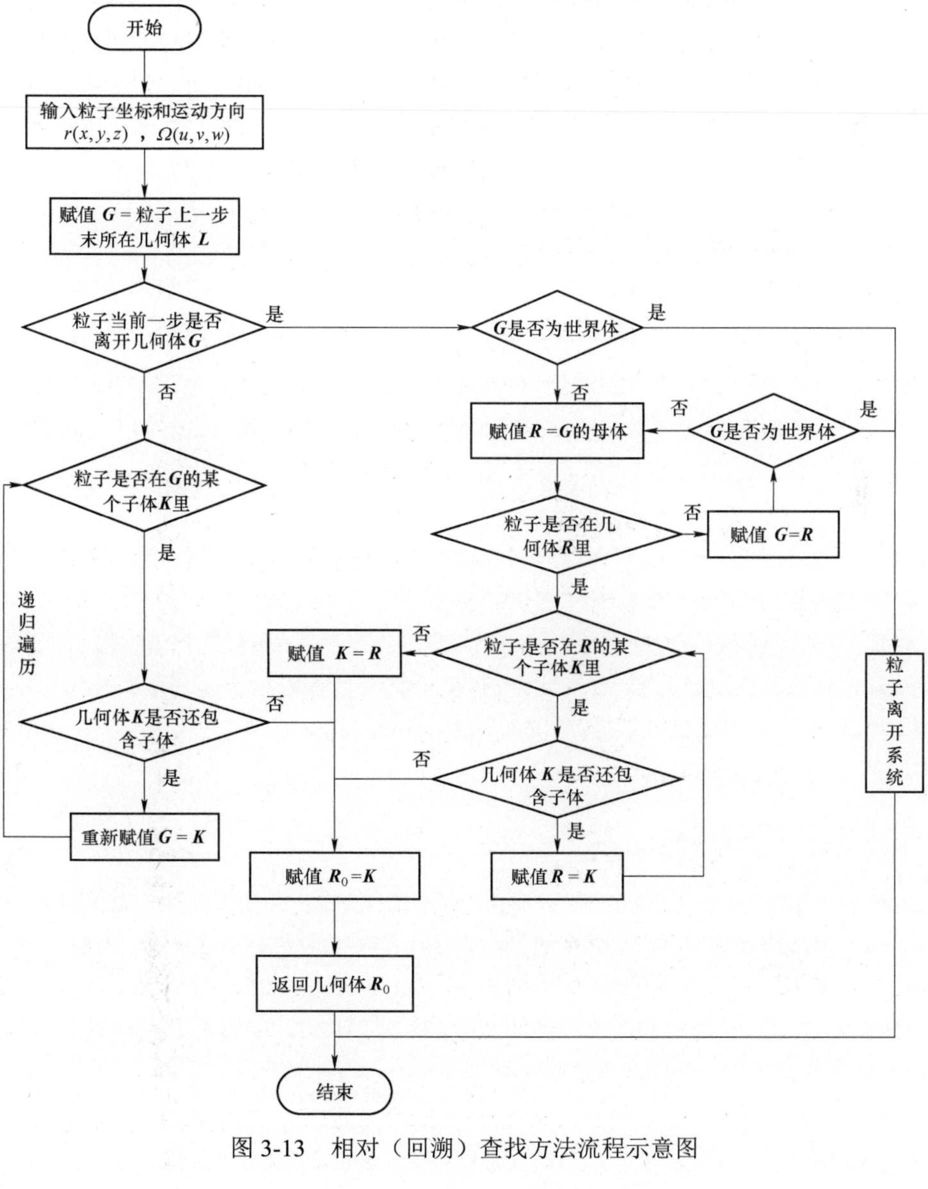

图 3-13 相对（回溯）查找方法流程示意图

时所在几何体，则需要进行回溯查找。首先，搜索上一步末时中子所在几何体的母体及其所有兄弟几何体；若中子仍然不在所搜寻的各几何体中，则继续搜索母体的母体及其所有兄弟几何体，依次类推，直到找到中子所在的几何体为止。这样回溯查找的好处是可以最大限度地减少几何查找的数目，因为在树形存储结构中，位置相连的几个几何栅元通常具有母子及兄弟关系，而中子从一个几何体穿入或穿出，则下次中子进入该几何体的子体或母体、兄弟几何体的概率较大，这样回溯查找便可以平均最优的复杂度找到中子所在几何体。

以图 3-9 中蒙特卡罗中子输运跟踪模拟的 *AB* 一步为例，为了查找这一步末点 *B* 碰撞点中子所在的几何体，如果采用相对查找方法，其查找过程如图 3-14 所示。以 BVH 树中 *AB* 步的起点 *A* 点所在的几何体 9 为查找起点，其查找过程：首先判断发现这一步中子离开几何体 9，因此回溯查找其母体几何体 4，发现中子位置不在几何体 4 中，则继续回溯至几何体 4 的母体几何体 1，经过判断中子在几何体 1 中，然后依次遍历查找几何体 1 的子体（几何体 4 除外）3，进过判断中子在几何体 3 中，同时几何体 3 不再包含其他子体，因此 *AB* 步末点 *B* 所在为几何体 3。相对绝对查找方法而言，相对查找方法可以通过回溯方式，尽量减少几何体总的查找数目，不用每次都从根节点开始查找，从而减少不必要的计算时间。

3. 中子到几何边界距离计算

边界距离计算就是根据中子当前状态信息（空间坐标和运动方向），计算中子沿其飞行方向到最近几何体边界的距离，以便确定中子输运长度。在蒙特卡罗中子输运计算中，边界距离计算通常是紧跟几何体查找操作之后的，在确定中子当前所在几何体之后，便需要根据中子当前状态信息计算中子到几何边界的距离，从而才能确定当前中子输运一步的输运长度。

图 3-15 为边界距离计算计算中子到几何边界距离的流程示意图。其主要流程思想如下：在几何体查找确定中子当前所在几何体 G 之后，首先计算中子到当前几何体 G 边界的距离为 L_0，然后判断几何体 G 是否包含子体，若其没有子体，则返回 L_0 即为中子到最近几何体边界的距离；若几何体 G 包含子体，则依次计算中子到其第 i (其中$i=1\sim N$)个子体边界的距离 L_i，选取所有距离的最小值为 $L'=\min(L_1,L_2,L_3,\cdots,L_{N-1},L_N)$，则中子到最近几何体边界距离为 $\min(L_0,L')$。

3.2.3 几何处理关键问题

在蒙特卡罗中子输运计算中，虽然层级结构几何处理方法相比非层级结构几何处理方法存在一定优势，但该方法目前在实际应用中存在两大难点问题。第一类问题是弱层级几何问题，即当一个几何模型中所有几何体之间的空间拓扑关系并不存在明显的“母子”（包含关系）关系时，此时针对该模型难以构建 BVH 层级结构，这时就不能完全发挥层级结构几何处理方法的优势。第二类问题是多子体几何问题，即当一个模型中，如果某个母体包含了大量的子几何体，图 3-13 和图 3-15 所示几何处理操作对处理这类模型时效率会明显降低。

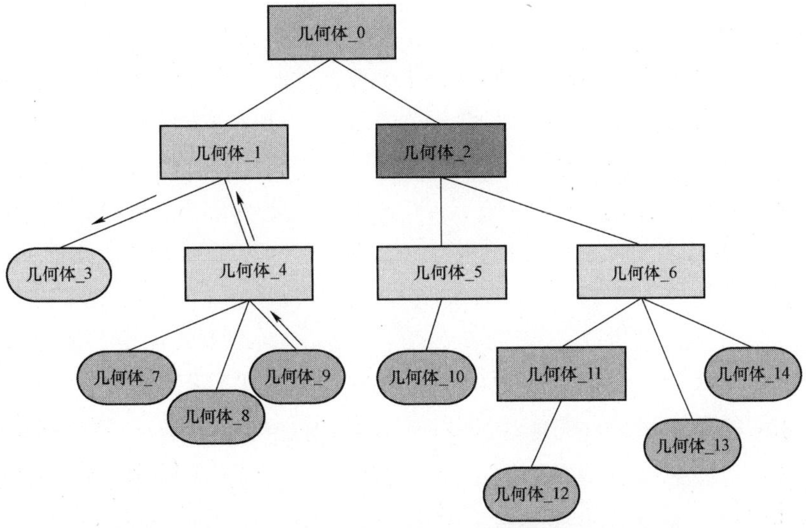

图 3-14 基于 BVH 树形层级结构相对查找示例

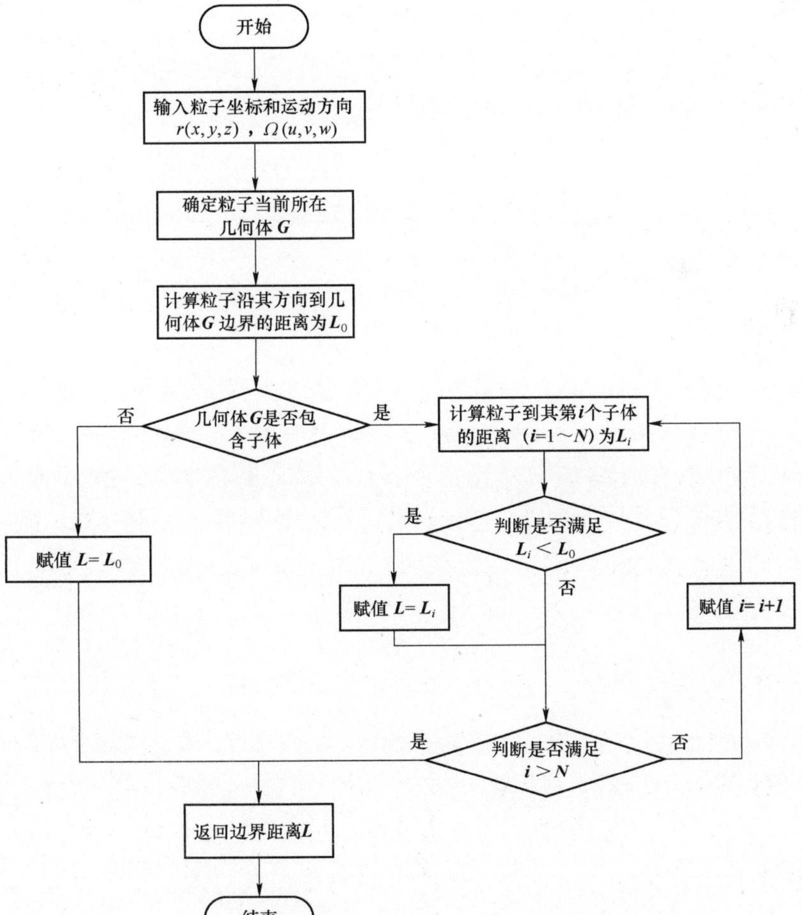

图 3-15 中子到几何边界距离计算流程图

1. *弱层级几何问题*

在蒙特卡罗中子输运计算几何处理中，对于几何体查找过程，其中一种情况就是当模拟中子从当前几何体穿出时，为了查找中子下次再进入的几何体，其中一种传统方法就是绝对查找方法，即一个一个地遍历查找整个模型中的所有几何体，直到找到中子进入的几何体为止，其算法复杂度为$O(N)$。另一种查找方法就是相对查找方法，即可通过回溯查找去快速地查找中子进入的几何体。然而，进行回溯查找的前提是几何模型本身具有几何层级结构信息，但是在一些情况下，这种 BVH 层级存储数据结构往往难以构建出来。以聚变反应堆模型为例，由于其几何模型具有结构复杂、不规则、层级结构差等特点，很难在几何描述的时候构建一种特定的层级几何结构。因此，在这样一种情况下，所谓的 BVH 层级树形几何结构就退化为一种只有两层的扁平树形结构，我们称这类模型为弱层级几何结构模型。因此，若采用第 2 章的基于层级结构几何处理方法，在处理这类弱层级几何结构模型时，无论是采用绝对查找方法还是相对查找方法，其几何体的查找效率都是非常低的，其平均查找复杂度均为$O(N)$。由此可知，在处理大规模复杂弱层级几何模型时，即整个模型的几何体数目N值很大时，即使采用基于层级几何结构的几何体查找方法其查找仍然是效率非常低的。这类问题就是弱层级几何问题，在对这类模型进行蒙特卡罗中子输运计算时，如果其几何处理不采用其他优化方法加以处理，这会严重制约蒙特卡罗中子输运的计算效率。

以图 3-16 所示为一个典型的弱层级结构几何模型，其中世界体 0 包含编号 1～7 总共 7 个子几何体。从图中可以看到，几何体 1～7 从空间拓扑关系上讲相互之间并无包含（或母子）关系，其 BVH 层级几何存储数据结构便退化为如图 3-17 所示的一种只包含两层的扁平型结构。此时，假设中子输运一步为AB，即中子从几何体 5 边界的B点离开，而B点作为下一步输运的起点。由于这种弱层级几何结构问题，为了查找B点中子所在的几何体，需要依次遍历查找几何体 1、2、4、5、6、7 共 6 个几何体，直到查找到 7 号几何体时才查找成功。因此可以看到，当中子每次从图 3-17 模型中任一几何体边界离开时，为了查找中子下次进入的几何体，每次都需要逐个遍历查找模型中的所有几何体，其平均查找复杂度为$O(N)$，N为模型中的几何体数目。当几何体数目N值越大时，其几何体查找效率越低，这类问题就是典型的弱层级几何问题。

2. *多子体几何问题*

在层级几何结构中，当基于层级几何结构进行中子所在几何体查找和计算中子到最近几何体边界距离时，会遇到“多子体几何问题”，导致大量不必要的几何体查找操作和“射线–几何体”间的求交计算，从而降低几何处理的计算效率。由图 3-11 和图 3-13 所示中子所在几何体查找流程可知，假设中子当前所在几何体G，该几何体包含的子几何体数目为N，当中子的确存在几何体G或其某一子几何体里时，为了查找中子具体所

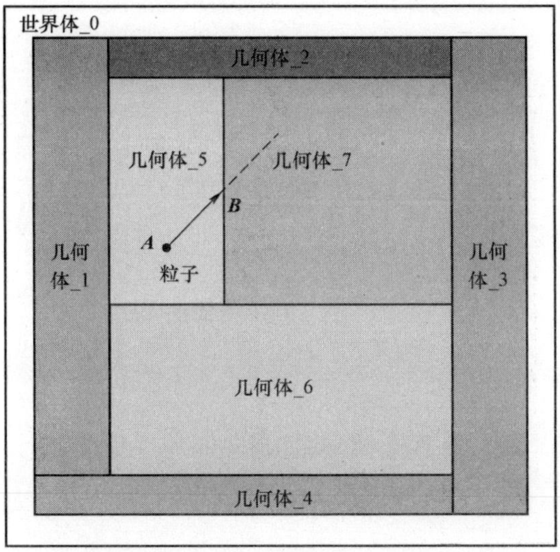

图 3-16 弱层级结构几何模型

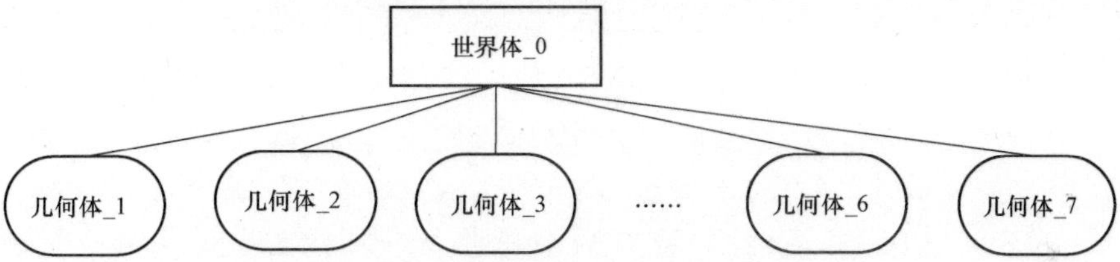

图 3-17 扁平型树形层级几何结构

在的几何体，其平均查找复杂度为$O(N)$。同时，由图 3-15 所示基于层级几何结构计算中子到几何体边界距离流程示意图可知，则每次当中子在几何体G里计算中子到最近几何体边界时，其平均计算复杂度为$O(N)$。因此，在蒙特卡罗中子输运计算时，如果模型中某一个几何体里包含的子体非常多时，即N值很大时，则只要中子进入几何体G，则几何体查找边界距离计算的计算效率将会显著降低。同时，如果这N个几何体在其形状和结构越复杂、越不规则时，其几何体查找边界距离计算效率降低将会更加明显，从而影响蒙特卡罗中子输运计算的效率。这类由于整个模型中某一个或一些几何体子体太多而导致几何体查找边界距离计算效率显著降低的问题就是典型的多子体几何问题。

图 3-18 所示为一个多子体几何模型示意图，假设几何体 0 为组成图 3-19 所示树形层级几何模型中的某一个几何体（图中方框所在节点），它包含编号 1～7 共 7 个子几何体，其具体几何结构如图 3-18 所示。假设中子当前在几何体 0 中P_0处，其运动轨迹沿着射线$L:\vec{P}=\vec{P}_0+l\vec{\Omega}$，为了确定中子该步的输运长度，需要计算中子沿其运动方向到最近几何体边界的距离。由图 3-11 和图 3-13 所示中子所在几何体查找流程图可知，为了查找中子坐标P_0所在的几何体，需要依次查找所有子几何体 1～7，到最终才发现中子在几何体 0 中但不在任一子几何体中，所以当子体数目太多时几何体的查找

效率将显著降低。

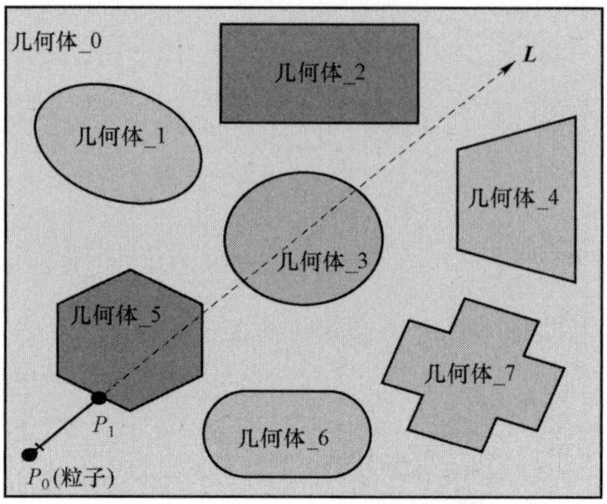

图 3-18　多子体几何模型示例

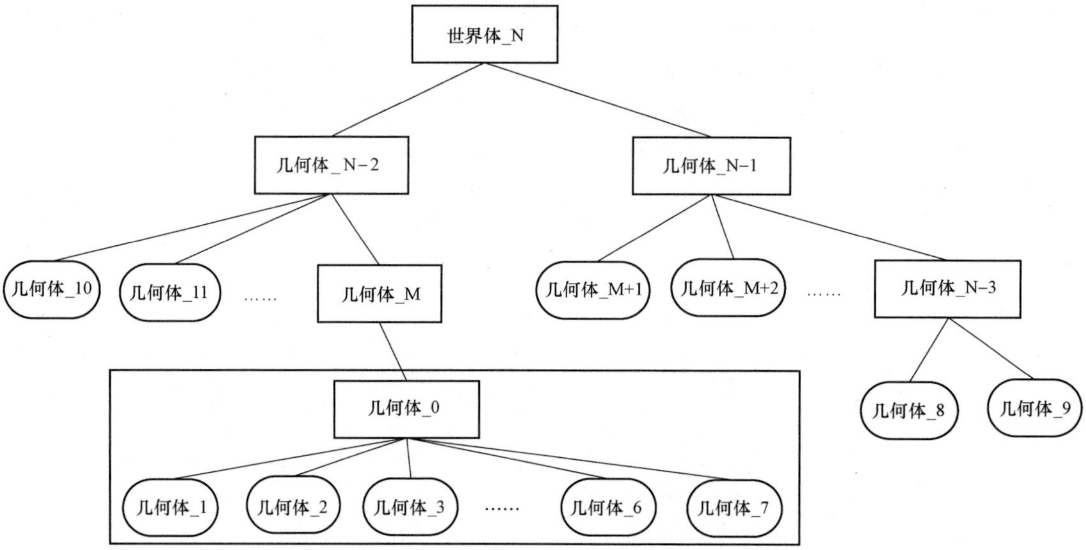

图 3-19　多子体树形层级几何结构

由图 3-15 所示计算中子到几何边界距离流程图可知，当中子在母体内时，为了计算中子沿其运动方向到最近几何体边界的距离，需要依次遍历求解中子轨迹射线 $L:\vec{P}=\vec{P}_0+l\vec{\Omega}$ 与各子几何体 1～7 的联立方程组。如图 3-18 所示，几何体 0 总共包含 7 个子体，先依次计算中子到其第 i (其中$i=1\sim7$) 个子体边界的距离 L_i，选取所有到子体距离的最小值为 $L_{\min}=\min(L_1,L_2,L_3,\cdots,L_6,L_7)$，则中子到最近几何体边界距离为 $L_{\min}$（图中 P_0P_1）。然而，从图中可以明显看到，事实上中子轨迹射线 $L:\vec{P}=\vec{P}_0+l\vec{\Omega}$ 只与几何体 3 和几何体 5 的边界有交点，而与其他 1、2、4、6、7 几何体并无有效交点，即这些几何

体与中子轨迹射线 $L: \vec{P} = \vec{P}_0 + l\vec{\Omega}$ 的联立方程组并无有效实数解，因此这些计算过程完全是无意义的，反而额外增加了不必要的计算量。因此，如果一个几何体的子体数目太多时，由于额外计算量大大增加，这会严重影响几何体查找边界距离计算的计算效率，这类问题就是典型的多子体几何问题。

3.3 邻居列表与包围盒方法

3.3.1 邻居列表方法原理

为了解决弱层级几何问题在蒙特卡罗中子输运几何处理时的效率制约问题，邻居列表方法[24]被提出并被广泛应用，以提高蒙特卡罗中子输运计算几何处理时几何体的查找效率。邻居列表方法的加速原理在于，通过减少每次查找时遍历的候选几何体数目，即通过降低待查找候选几何体的数目来达到加速几何体查找的目的。以图 3-16 所示模型为例，当中子从 B 点离开几何体 5 时，从图中可以看出与几何体 5 相邻的只有几何体 1、2、6、7，因此中子离开几何体 5 后下次进入的几何体只可能是这 4 个几何体中的一个，不可能是其他几何体。因此，我们称几何体 1、2、6、7 为几何体 5 的邻居几何体。当中子从 B 点离开几何体 5 时，为了快速查找中子下次要进入的几何体，此时只需依次查找几何体 5 的 4 个邻居几何体即可，而无需全部遍历整个模型中的其他不可能进入的几何体 3 和 4。因此，通过为几何体 5 构建邻居几何体的方法，将原来每次查找 6 个候选几何体减少为每次查找 4 个候选几何体。由于每次查找候选几何体数目减少，从而提高几何体的查找效率。因此，在图 3-20 中的扁平型树形层级结构的基础上，为每个几何体构建一个邻居列表（见图 3-21），用以存储几何体的邻居几何体，以弥补扁平型层级结构的不足，提高几何体查找效率。

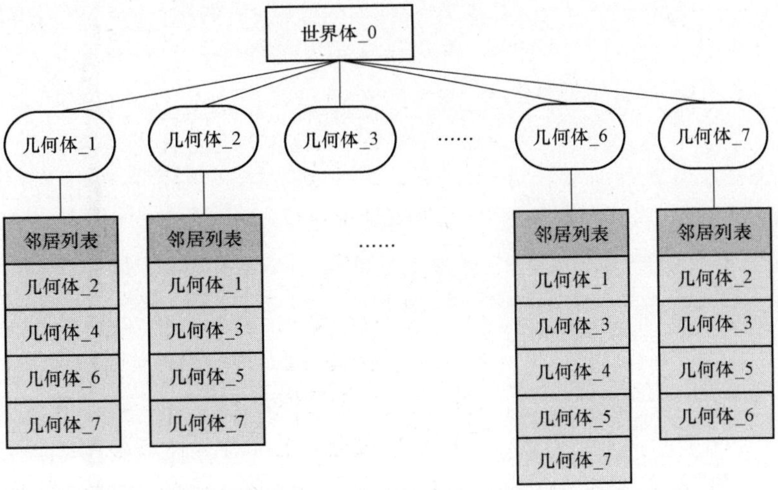

图 3-20 扁平树形结构耦合邻居列表数据存储结构

因此，在蒙特卡罗中子输运计算时，如何在程序内部为模型中的各个几何体构建对应的邻居列表是解决弱层级几何处理低效率问题的关键。传统邻居列表方法的基本思想：① 给模型中的每一个几何体创建一个邻居列表，输运计算开始时邻居列表为空；② 在蒙特卡罗中子输运计算时，对中子穿入穿出几何体的情况进行记录；在几何处理时，当中子从当前几何体穿出时，先查找当前几何体的邻居列表，若查找成功则直接返回查找到的几何体，否则进行第③步；③ 逐个遍历查找整个模型中的所有几何体，直到找到为止，并把查找成功的几何体添加到上一步穿出几何体的邻居列表中。在中子输运计算时，随着模拟中子数目增多，经过第②和第③步反复迭代，最终整个模型中的每个几何体都会构建一个对应的邻居几何体列表。

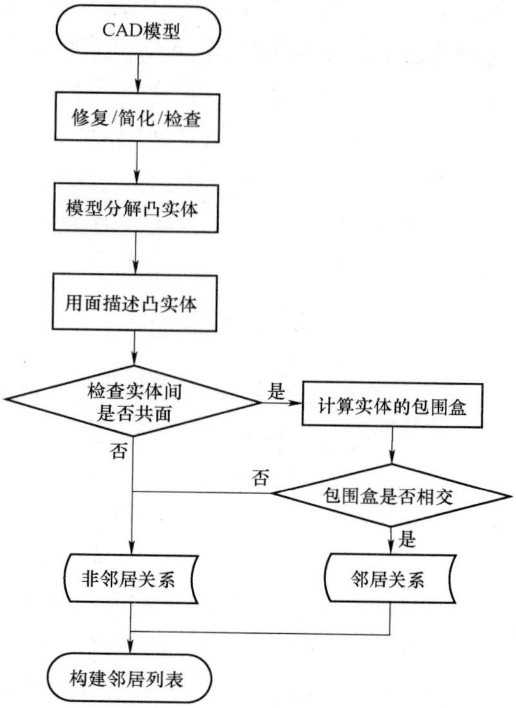

图 3-21　基于 CAD 的邻居列表构建方法

然而，这种传统邻居列表构建方法是一种依赖模拟中子历史的方法，其最大缺点在于一个几何体的邻居列表需要模拟一定的中子数后才能构建完成，而这个构建过程所耗费的时间随着模型复杂度的不同而不同。更重要的是，对于一些复杂模型，这样邻居列表的构建过程是非常困难的。因此，传统邻居列表方法需要耗费一定计算时间来为每个几何体构建邻居列表，而在邻居列表构建完成之前是不能完全发挥邻居列表加速效果的，从而降低了邻居列表方法的加速效率。

因此，采用一种基于 CAD 预处理邻居列表方法[25]来解决传统方法中的缺点与不足。在进行蒙特卡罗中子输运计算之前，通过分析 CAD 模型中几何体之间的拓扑信息来方便地对复杂模型中的每个几何体构建邻居几何体列表。基于 CAD 处理预先构建邻居几何体列表，一方面简化了邻居列表的构建过程，增强了邻居列表方法对于复杂几何模型的适应性；另一方面蒙特卡罗程序在中子输运计算一开始几何处理时便能完全利用预先生成的邻居几何体列表信息，充分发挥邻居列表的优势，提高几何体查找效率。

基于 CAD 的邻居几何体列表构建方法如图 3-21 所示。首先，对于任意一个给定 CAD 模型，利用 CAD 建模软件对模型经过简化和修复之后，会将模型分解成凸实体。其次，将实体模型转化为面描述模型，即用面几何描述方法来描述凸实体的每个表面（或边界面）。再次，判断几何体间的邻居关系，若两个几何体间没有共面情况，则为非邻居关系；反之，再判断两个几何体的包围盒是否相交，若不相交则为非邻居关系，否则为邻居关系。最后，根据几何体间的邻居关系为各几何体构建完善的邻居列表，并将这种邻居几何体关系记录在文本文件中。当基于蒙特卡罗程序开展中子输运模拟计算时，程序在读取输入文件时，一方面基于此构建物理计算模型时，会将几何体的邻居几何体列表信息通过文本文件读入程序内部，供几何处理模块使用，用于蒙特卡罗中子输运计算时实现快速几何体查找，提高几何处理效率。

基于邻居列表几何处理主要是用于几何体相对（回溯）查找时，即当模拟中子从一个几何体离开后，快速实现查找中子下次要进入的几何体的目的。如图 3-22 所示，为基于邻居列表的几何体查找方法。相比传统的相对查找方法而言，基于邻居列表的几何体查找方法只是在传统查找方法上多了图 3-22 中的实线框图部分。若中子当前输运这一步从某一几何体 G 穿出，即中子离开该几何体，需要查找中子离开几何体 G 下次进入的几

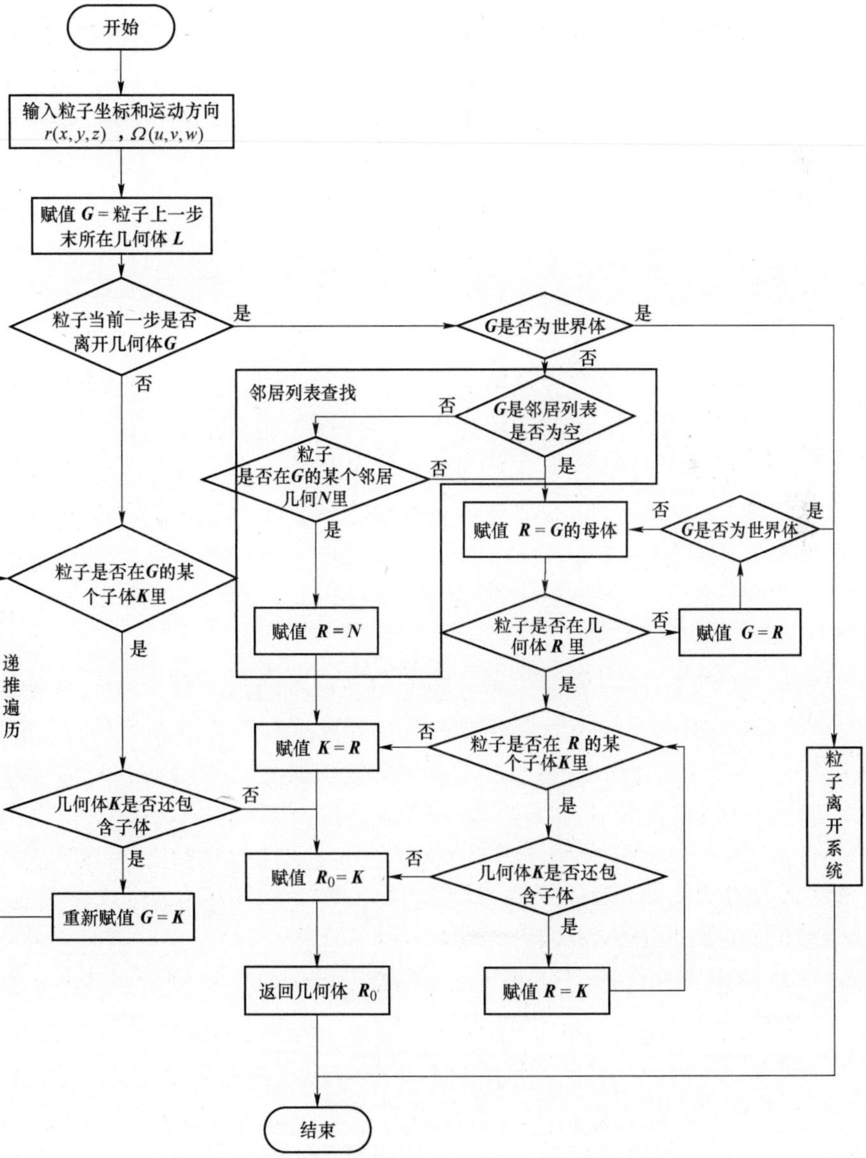

图 3-22　基于邻居列表几何处理 – 几何体查找流程图

何体。其查找流程如下：首先判断几何体G是否是世界体，若是世界体，则表示中子离开系统，当前中子历史终止。若几何体G不是世界体，则需继续查找。先判断几何体G的邻居几何体列表是否为空，若为空，则采用原先的相对（回溯）查找法继续查找，直到找到对应的几何体为止。反之，即几何体G的邻居几何体列表不为空，则选取几何体G的所有邻居几何体作为候选几何体开始逐个遍历查找，若查找发现中子在其某一个邻居几何体N中，则直接返回该几何体即为查找结果。若遍历完几何体G的所有邻居几何体，发现中子不在其任一邻居几何体中，则继续进行相对查找，直到找到中子所在几何体或者发现中子离开系统为止，查找结束。

对于弱层级几何模型问题，通过构建邻居几何体列表的方法，可以有效地提高蒙特卡罗中子输运计算几何处理时中子所在几何体的查找效率。因为对于任意一个给定的几何模型，模型中任意一个几何体的邻居几何体的数目总是较少或者有限的。因此，基于邻居列表几何体查找时，每次几何体查找都只是遍历某一几何体的有限个邻居几何体，而不是全部逐个遍历查找整个模型中的所有几何体，由于降低了每次几何体查找时遍历的候选几何体的个数，从而减少每次几何体查找操作的平均查找时间，提高蒙特卡罗中子输运计算几何处理的效率。

3.3.2 包围盒方法原理

在计算机图形学中，包围盒方法被广泛运用于加速射线跟踪和碰撞检测等。其加速原理在于，通过给场景中的每个物体构建一个包围盒，在进行射线跟踪或碰撞检测时，首先进行射线与包围盒干涉检测，若射线与物体的包围盒不发生干涉，则无须进行射线与真实物体间的检测，从而避免因射线与真实物体进行不必要干涉检测而带来的额外计算。进行蒙特卡罗中子输运计算几何处理时，计算中子沿给定方向到最近几何体边界距离这一操作同射线跟踪具有相似性，因此可以将包围盒方法应用于边界距离计算操作，以提高几何处理计算效率[25]。

进行蒙特卡罗中子输运计算时，为了确定中子每次随机游动的输运步长，中子每模拟一步都需要计算中子沿其运动方向到最近几何边界的距离，以判断中子是否到达几何边界。由前述内容可知，传统方法是依次求解中子轨迹与模型中所有几何体联合建立的数值方程，并从所有有效解中选取最小解作为最短距离。然而，事实上模型中大部分几何体与中子轨迹方程并没有有效解，所以没有必要对这部分几何体与中子轨迹方程进行求解。因此，本章利用包围盒方法以尽量地将这部分几何体加以筛选排除，减少不必要的额外计算，以加速几何处理的效率。

常见的包围盒方法有多种，通过对比各种方法的有效性和简单性等特点，本章采用应用广泛且实现算法简单可行的轴向包围盒方法（Axis Aligned Bounding Box，AABB）来加速蒙特卡罗中子输运边界距离计算操作。如图 3-23 所示，轴向包围盒是一个各边都平行于坐标轴的最小平行六面体，最常见的就是一个包围几何体的最小长方体。因此，一个包围盒只需描述其各边沿坐标轴的尺寸范围即可完全定义，即$AABB=\{X_{\min},X_{\max},Y_{\min},Y_{\max}Z_{\min},Z_{\max}\}$。

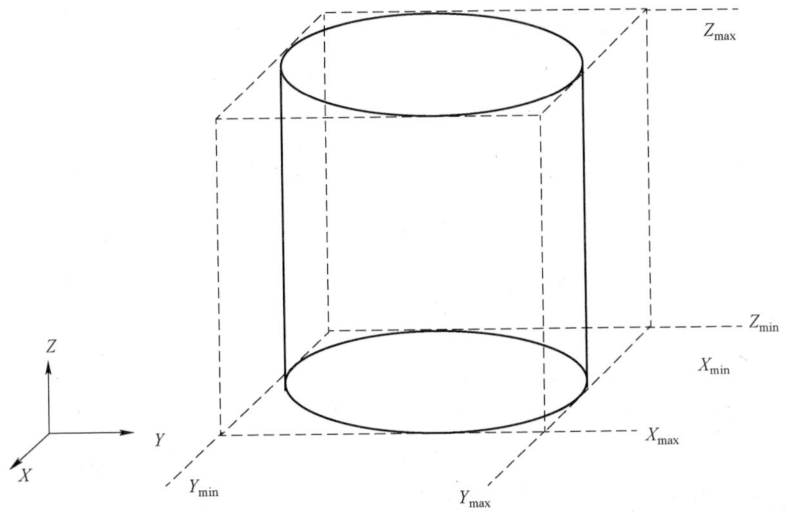

图 3-23 轴向包围盒（AABB）示意图

然而，对传统蒙特卡罗中子输运计算程序（如 MCNP）而言，其最大难点在于无法为模型中的几何体构建包围盒。图 3-24 所示为包围盒加速方法示意图，该模型根据图 3-23 为几何体 0 包含的每个子几何体都构建了一个包围盒。在进行蒙特卡罗中子输运计算之前，通过分析模型中几何体的结构和尺寸信息，基于 CAD 预先生成包围盒数据，然后将包围盒数据导入程序中对模型中的几何体 1～7 构建轴向包围盒。中子输运计算时，中子当前在几何体 0 中 P_0 处，其运动轨迹沿着射线 L，为了确定中子输运长度，此时需要计算中子沿轨迹 L 到最近几何边界的距离。在不使用包围盒加速方法情况下，为了计算中子沿飞行方向到几何边界的最短距离，要依次求解射线 L 与几何体 1～7 的联合方程组，然后从有效解中选取最小解作为最短距离。显而易见，中子轨迹射线 L 与几何体 1、2、4、6、7 的联合方程组都无有效解，即射线 L 与这些几何体的边界都没有交点，所以这五组无效解的求解是完全不必要的，反而增加了额外计算时间，降低了几何处理的效率。为了解决这个问题，减少不必要的额外计算，在使用包围盒加速方法时，首先进行射线 L 与几何体包围盒的求交计算，而包围盒就是一个长方体，结构简单，而真实的几何体通常结构复杂、不规则，因此“射线－包围盒”求交计算比“射线－几何体”求交计算更简单、省时。所以，如果中子轨迹射线 L 与某一几何体的包围盒不相交，则不必进行射线 L 与该几何体的联合方程组求解，从而节省不必要的计算开销。以图 3-24 为例，中子轨迹射线 L 与几何体 1、2、4、6、7 的包围盒都不相交，而只与

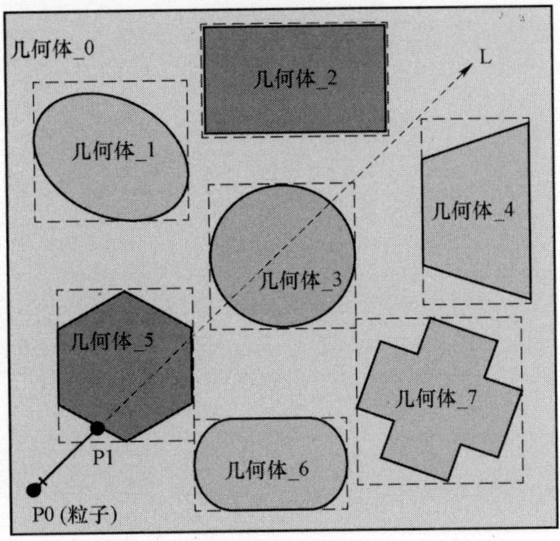

图 3-24 轴向包围盒加速方法示意图

几何体 3 和几何体 5 的包围盒相交，因此只需求解中子轨迹射线 L 与几何体 3 和几何体 5 的联合方程组，再从计算得到的两组有效解中选取最小解作为最短距离，最终得到 P_0P_1 即为中子沿轨迹 L 到最近几何体 5 边界的距离。

如图 3-25 所示为基于包围盒几何处理计算中子沿其飞行方向到最近几何体边界距离的流程图。与图 3-15 相比，基于轴向包围盒的边界距离计算方法只是增加了图 3-25 中框图部分的判断，即在传统计算方法基础上，首先判断中子轨迹射线与包围盒是否相交，如果不相交，则中子轨迹实现与该包围盒内部的几何体肯定没有交点，则不必进行“射线–几何体”求交计算，从而将该几何体筛选排除，从而避免大量不必要的额外计算。因此，只有当中子轨迹射线与几何体的包围盒发生相交时，才会进行“射线–几何体”求交计算。事实上与中子轨迹射线相交的几何体个数通常是少数或有限多个，而有效解只存在这有限多个几何体中，从而减少“射线–几何体”求交次数，进而提高边界距离计算的计算效率。

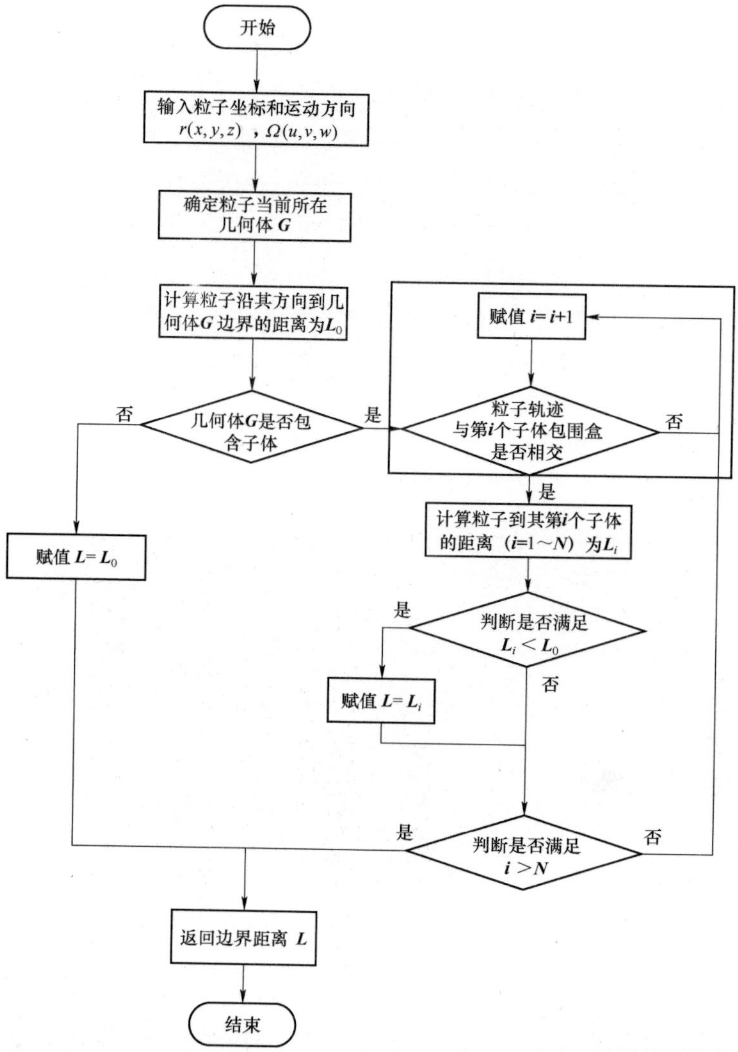

图 3-25　基于包围盒几何处理–计算中子到几何边界距离流程图

3.3.3 数值分析

1. 聚变动力堆 FDS－Ⅱ模型

FDS－Ⅱ模型[26-27]是中国科学院核能安全技术研究所/FDS团队发展的一个先进的聚变动力堆概念设计模型，用于验证和校核聚变堆在未来商业应用和发展中的可行性和有效性。其中，FDS－Ⅱ模型的环向主半径达6 m，轴径比例为3。整个模型由超过100个布尔几何体和超过10 000个CSG基本几何体组成，其几何结构具有一定的复杂性。模型的具体几何结构尺寸和材料数据参见文献。图3-26给出了整个模型的外观全局视图和模型的内部细致剖切结构图。从图3-26中可以看出，该模型是一个典型的弱层级几何结构模型，同时也兼具较弱的多子体几何特性。因此，采用该模型以验证本章基于邻居列表与包围盒几何处理方法的可行性和有效性。对FDS－Ⅱ模型进行蒙特卡罗固定源计算，其中子源为一个内半径 4 m、外半径 8 m 和高度 7.6 m 的圆柱壳中子源，中子能量为14.06 MeV，出射方向为各向同性分布。

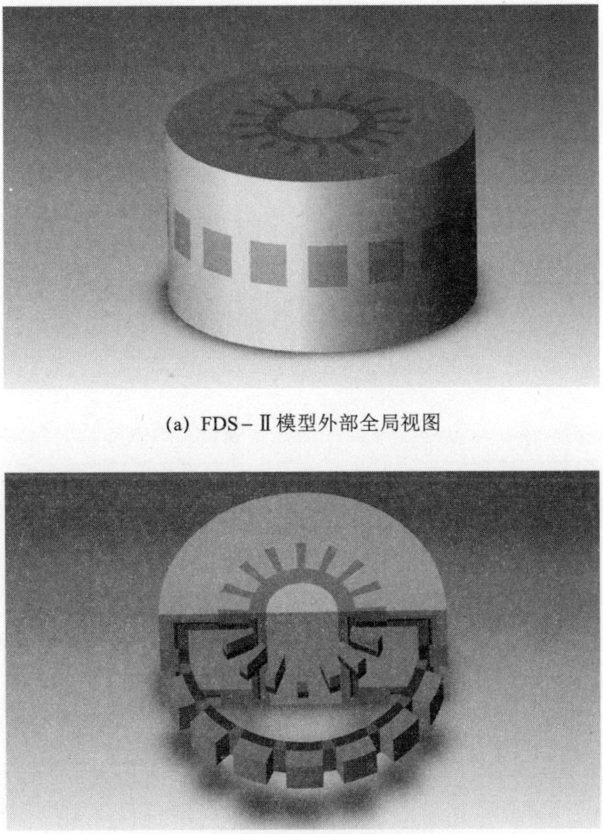

(a) FDS－Ⅱ模型外部全局视图

(b) FDS－Ⅱ模型内部剖切视图

图3-26 聚变动力堆FDS－Ⅱ三维CAD模型示意图

为了验证本章几何处理方法对蒙特卡罗中子输运计算效率的影响，对FDS－Ⅱ模型采用 1 000 000 源中子进行固定源模拟[28]，并每模拟完成 100 000 源中子实时统计当前总计算时间，测试结果如图 3-27 所示。由图可知，每条测试曲线的斜率（$\Delta T / \Delta N$）表征了相应方法的计算效率大小，即模拟单位数目源中子所花的计算时间。因此，图中曲线斜率值越小，模拟单位源中子数所花的计算时间也越少，那么表明相应几何处理方法的效率越高。由图 3-27 可知，针对 FDS－Ⅱ模型，邻居列表方法相比包围盒方法具有更好的加速效果，这主要是因为对 FDS－Ⅱ模型进行蒙特卡罗中子输运计算时，其几何处理大部分时间主要耗费在查找中子所在几何体操作上，其弱层级几何问题对 FDS－Ⅱ模型蒙特卡罗计算效率影响更大，此时采用更具针对性的邻居列表方法能够取得更好的效率提升。另外，对 FDS－Ⅱ模型以模拟 1 000 000 源中子所耗费总计算时间为例（见表 3-4），同时采用两种加速方法能够获得 3 倍的效率提升（主要以邻居列表加速为主），其加速效果比较明显，验证了邻居列表加速方法的可行性和有效性。

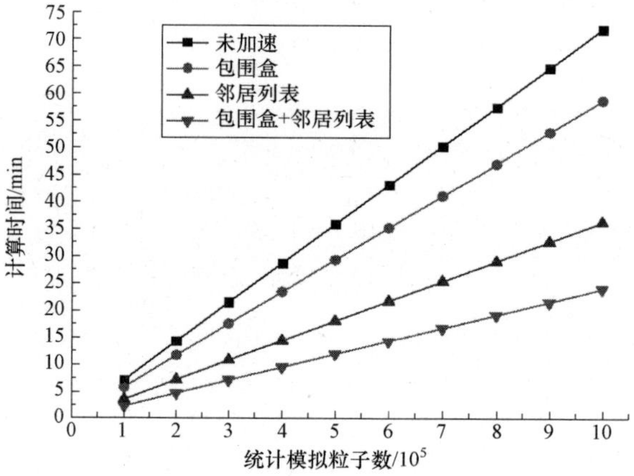

图 3-27　FDS－Ⅱ模型蒙特卡罗中子输运计算效率测试

表 3-4　FDS－Ⅱ模型蒙特卡罗中子输运固定源问题计算时间对比（1 000 000 源中子）

几何处理方法	计算时间/min	加速比
传统几何处理方法	72.10	—
采用包围盒方法	58.90	1.22
采用邻居列表方法	36.40	1.98
同时采用两种方法	24.10	3.00

2. ITER 偏滤器模型

偏滤器（Divertor）是现代磁约束聚变装置的中至关重要的组成部分，它主要是用来排除来自中心等离子体的中子流和热流，同时有效地屏蔽来自器壁的杂质。以国际核热聚变实验反应堆 ITER Benchmark 模型的偏滤器部件为测试对象。整个模型由超过 500 个布尔几何体和超过 3 000 个 CSG 基本几何体组成，其几何结构复杂且极不规则，绝大多数几何体的边界面均为二次曲面。整个模型的具体几何结构尺寸和材料数据参见文献。图 3-28 为计算模型的三维 CAD 实体模型[29]。从图中可以看出，该模型是一个典型弱层级几何模型，因为模型中各几何体之间并无显示的母子关系，它们都是在同一层级下，从而形成弱层级几何问题。因此，采用该模型以验证本章基于邻居列表和包围盒几何处理加速方法的可行性和有效性。对偏滤器模型进行蒙特卡罗固定源计算，其中子源为一个在（−4 000 400）的中子点源，能量为 14.06 MeV，源中子出射方向各向同性分布。

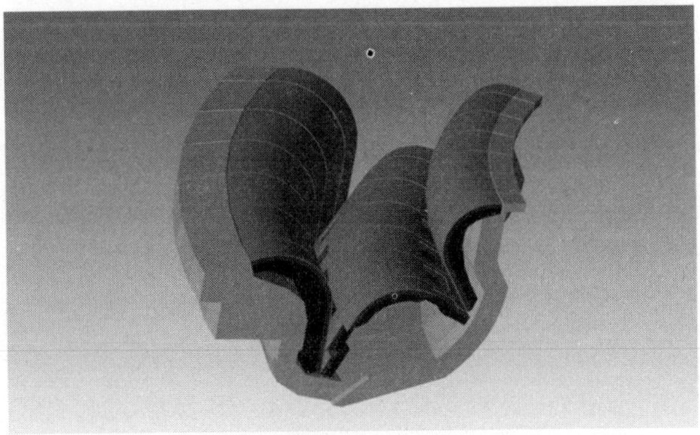

图 3-28　ITER 偏滤器三维 CAD 模型示意图

为了进一步验证本章方法对于处理弱层级复杂几何模型的加速效果，采用 ITER 偏滤器模型对其计算效率进行了测试分析，其测试条件与 FDS−Ⅱ测试一致，计算结果见图 3-29 和表 3-5。显而易见，从图 3-29 可知，对偏滤器模型进行蒙特卡罗中子输运计算时，包围盒方法比邻居列表方法具有更好的加速效果，这主要是因为针对几何结构比较复杂的弱层级几何模型时，其几何处理时间主要花在计算中子沿其运动方向到几何边界的最短距离上。而包围盒方法的加速原理就在于，在计算最短距离时，通过包围盒与中子轨迹方程的求交计算，筛选出与中子轨迹不相交的几何体，从而减少不必要的额外复杂计算。如表 3-5 所示，使用包围盒加速方法能够使蒙特卡罗计算获得 1.66 的加速比。若同时使用包围盒方法和邻居列表方法，可以获得 1.73 的加速比，该方法对处理复杂弱层级几何模型在效率提升方面的可行性和有效性。

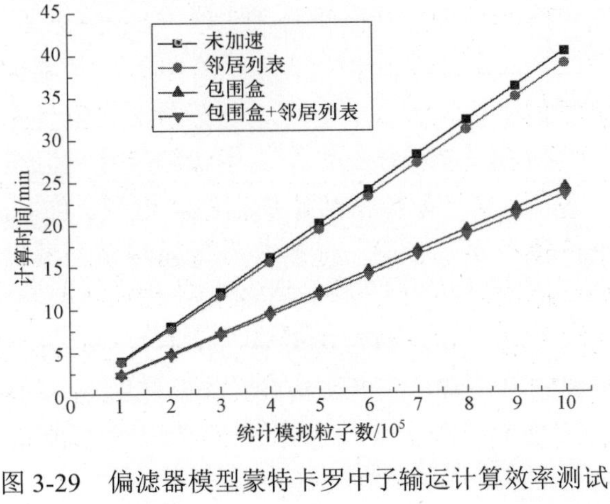

图 3-29　偏滤器模型蒙特卡罗中子输运计算效率测试

表 3-5　偏滤器模型蒙特卡罗中子输运固定源问题计算时间对比（1 000 000 源中子）

几何处理方法	计算时间/min	加速比
传统几何处理方法	40.55	—
采用邻居列表方法	39.09	1.04
采用包围盒方法	24.40	1.66
同时采用两种方法	23.54	1.73

3.4　优化空间网格分割方法

针对前述多子体几何耗时严重问题，当所有子体的几何空间并不完全填充母体的几何空间时，此时若仍然采用第 3 章的邻居列表方法来进行几何体查找操作，将无法提高其计算效率；同时，采用包围盒方法也不能有效提高边界距离计算的效率。因此，可以通过优化空间网格分割方法[30]来处理这类具有多子体几何问题特性的蒙特卡罗中子输运问题。

3.4.1　空间网格分割方法

在计算机图形学中，空间网格分割（Spatial Grid Subdivision）方法[31]被广泛应用在虚拟现实环境碰撞检测中。由于虚拟现实环境中存在大量的复杂对象和不规则物体，使得碰撞检测常常需要耗费大量处理时间，从而导致给用户呈现出来的虚拟现实环境渲染效果的实时性和真实性较差，因此空间网格分割方法被广泛用以提升碰撞检测效率。空间网格分割方法加速碰撞检测的基本思想：定义一系列垂直于坐标轴 X 、Y 、Z 的平面，然后利用这些平面对一个特定的虚拟场景空间 R^3 进行分割，形成一系列空间网格，而这些分割面会将整个模型中的物体分割到不同的网格中，在碰撞检测时每次只需对同处于一个空间网格内的对象之间进行碰撞检测即可，从而减少进行碰撞检测的物体数目，进而达到提高碰撞检测效率的目的。

空间网格分割方法可分为均匀空间网格分割方法（Uniform Grid Subdivision）[32]和非均匀空间网格分割方法（Non-uniform Grid Subdivision）[33]两大类。均匀空间网格分割方法是指在对整个模型沿坐标轴 X 、Y 、Z 进行分割时，沿各坐标轴的分割平面采取等间距分割，最终得到的所有空间网格在大小、形状和尺寸上完全一模一样。空间网格分割得到的网格模型一般以“树”型数据结构来存储和组织。如图 3-30 所示为一个二维均匀网格分割后得到的网格模型示意图，分割之后每隔网格会被标记是否包含物体或者包含了哪些物体。均匀空间网格分割方法的优点在于实现分割的算法简单，且能够提供 $O(1)$ 常数时间复杂度进行网格定位；但它最大缺点在于其分割算法不能考虑模型中物体的具体空间分布情况，即它是一种“非对象依赖（Object-independent）”方法，这会致分割得到的网格模型包含大量无用网格（浪费存储空间），且各网格里分割得到的物体数目分布极不均匀，导致空间网格分割的有效利用率降低。

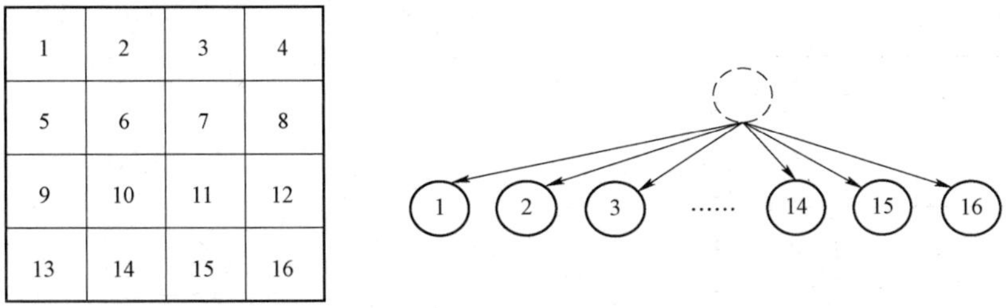

(a) 均匀分割　　(b) 均匀分割数据结构

图 3-30　均匀空间网格分割示意图

另一类方法称为非均匀空间网格分割方法，如图 3-31～图 3-33 所示，根据分割的方式和分割后得到网格模型数据的组织形式又可分为二叉树法（BSP）[34]、四叉树法（Quadtree）[35]、八叉树法（Octree）[36]和 kd–树方法（kd-tree）[37]等。这类方法的优点在于其进行网格分割时能够考虑模型中物体的具体空间分布情况，即它是一类“对象依赖（Object-dependent）”方法，该类方法的分割目的就是尽量均匀地将模型中的各物体分配到不同的空间网格中，从而提高空间网格模型的有效利用率。但是，这类方法的主要缺点在于其实现空间网格分割的分割算法相对比较复杂，且遍历网格模型的树形数据结构比较耗时，涉及大量的节点和内存访问，不能提供 $O(1)$ 时间复杂度进行空间网格定位操作。

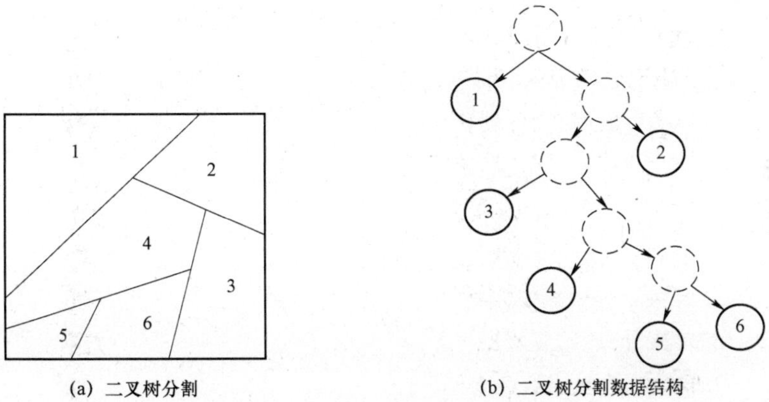

(a) 二叉树分割　　(b) 二叉树分割数据结构

图 3-31　二叉树空间网格分割示意图

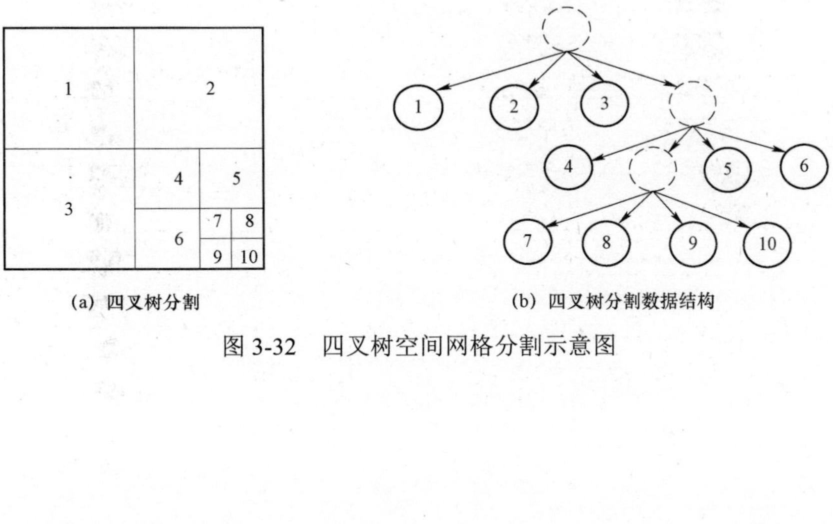

(a) 四叉树分割　　(b) 四叉树分割数据结构

图 3-32　四叉树空间网格分割示意图

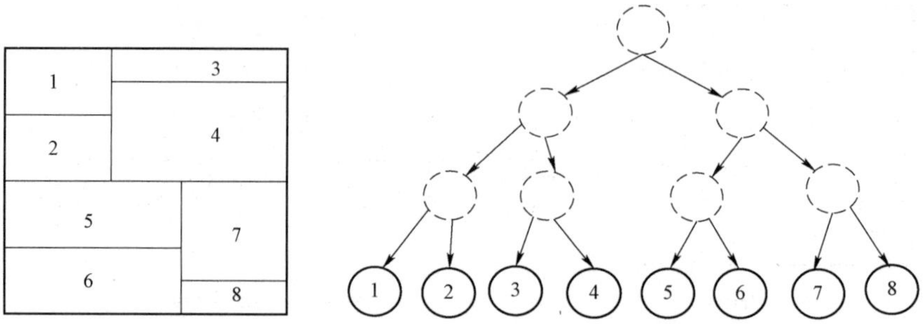

(a) kd–树分割　　(b) kd–树分割数据结构

图 3-33　kd–树空间网格分割示意图

3.4.2　优化空间网格分割方法

1. 代价函数和品质因子

在蒙特卡罗中子输运几何处理中，针对前述的多子体几何问题，若中子当前处于一个具有 N 个子几何体的母体中，那么前述的几何体查找边界距离计算的计算复杂度两者都为 $O(N)$。因此，特别是对于 N 值很大的多子体几何问题，蒙特卡罗中子输运几何处理的效率会随着 N 值增大而迅速降低，从而极大影响蒙特卡罗中子输运计算效率。因此，本章采用空间分割方法来提高蒙特卡罗中子输运几何处理的效率，以解决多子体问题带来的几何处理效率降低的问题。其加速的基本原理在于：对任意一个给定的母几何体，假设其包含 N 个子几何体，通过对母几何体进行空间网格分割后总共得到 M 个网格，使得这 N 个子几何体能够比较均匀地分布在这 M 个网格中，此时平均每个网格包含的子几何体数目为 N/M 个；然后基于得到的空间网格模型进行几何体查找边界距离计算操作时，首先根据中子坐标确定其所在的网格编号，然后无论是几何体查找还是计算中子沿其运动方向到最近几何体边界距离，此时只需对中子当前所在单个网格内的有限个子几何体进行遍历查找或“射线–几何体”求交操作即可，无需再对母体中的所有 N 个子几何体进行遍历操作，则此时几何处理的平均时间复杂度为 $O(N/M)$。从其原理可以看到，利用空间网格分割方法，其本质上就是减少几何体查找边界距离计算时需要对其操作（遍历查找或求交计算）的候选几何体数目，其几何处理的平均复杂度将由原来的 $O(N)$ 降低为 $O(N/M)$，使得计算效率能够得到有效提升。

通过对两类空间网格分割方法比较可知，均匀空间网格分割方法的优点在于，分割算法实现简单，且所有网格尺寸完全一样，因此根据中子空间坐标能够实现 $O(1)$ 复杂度的网格定位操作，但其最大缺点在于该方法不会考虑模型中几何体的具体分布情况，只是简单地按照特定步长进行空间分割，从而导致最终得到的网格模型中各网格包含的几何体数目差异巨大，导致一些网格为空（不包含任何几何体），而另一些网格仍然包含大量几何体，并未达到空间网格分割的真正目的。非均匀空间网格分割方法的优点在于它是“对象依赖”方法，其分割算法能够考虑模型中几何体的具体空间分布情况，并尽量将所有几何体尽可能均匀地分割到不同的网格中。如图 3-34 所示，为均匀/非均匀空间网格分割对比示意图。从图 3-34 中可以看到，对模型均匀分割后，为了将模型中的几何体尽量均匀地分割到不同的网格中，一方面均匀网格分割通常需要采用很小的网格才能达到均匀分割的目的（见图 3-34（a）），即使采用细网格分割，仍然会有大量网格是空网格，这会导致耗费大量内存，降低内存有效利用率。另一方面，为了避免细网格分割带来的内存浪费问题，可采用粗网格分割（见图 3-34（b）），但是这会导致最终得到的网格模型中有大量的网格仍然包含较多的几何体，从而没有达到空间网格分割的真正目的。

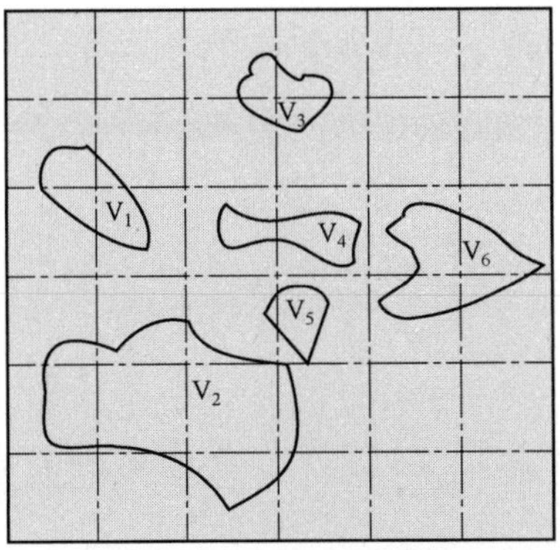

(a) 均匀空间网格分割（细网格）

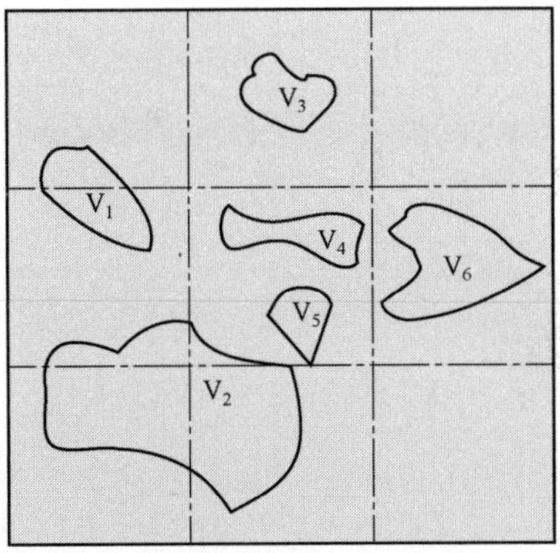

(b) 均匀空间网格分割（粗网格）

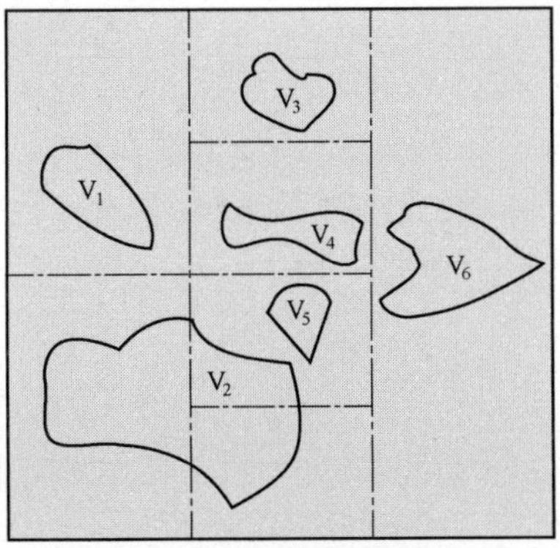

(c) 非均匀空间网格分割

图 3-34 均匀/非均匀空间网格分割模型对比示意图

为了弥补上述均匀空间网格分割方法的缺点与不足，基于非均匀空间网格分割的各种方法（二叉树、四叉树、八叉树、kd-tree 等）逐步发展而来。非均匀空间网格分割方法的最大优点在于它是一种“对象依赖”方法，能够考虑模型中各几何体的具体空间分布情况，其分割算法能够在网格数目（关系内存开销与使用）与几何体在网格中的均匀分布（关系蒙特卡罗中子输运几何处理效率）两个因素之间找到平衡，即争取在空间分割较少的网格数目（减少内存开销）下，尽量将模型中的几何体均匀分割到不同的网格中，从而提高网格模型的有效利用率。如图 3-34（c）所示，基于非均匀分割方法，只需以较少的网格便可以将模型中的几何体尽量均匀地分割到不同的网格中。非均匀空间网格分割方法其分割算法能够得以实现“对象依赖”，其主要原因在于其分割算法依赖于一个“代价函数”，类似 kd－树分割方法中的 SAH 代价函数一样，这样每次分割时通过调节代价函数来实现“对象依赖”分割和几何体在网格中的均匀分布。

从前述内容可知，基于空间分割网格模型进行蒙特卡罗中子输运几何处理时，其计算效率直接依赖于 $O(N/M)$，即每个网格包含的几何体数目越少，几何处理效率越高。因此，本章提出了一种新的基于代价函数的优化空间网格分割方法（Optimal Spatial Subdivision Method，OSS），该方法结合了均匀和非均匀两种空间网格分割方法的优点，一方面该方法能够提供 $O(1)$ 复杂度进行网格定位操作，另一方面又能实现“对象依赖”分割，将模型中的几何体均匀地分割到不同网格中，减少每个网格平均包含的几何体个数 N/M，从而提高几何处理的效率。因此，本章提出的优化空间网格分割方法主要依赖于以下代价函数（Cost Estimation Function，CEF）：

$$F(C)=\frac{\sum\limits_{J=1\sim N_C} M_{J,C}}{\sum\limits_{J=1\sim N_C} N_{J,C}} \tag{3-3}$$

其中：

$$N_{J,C}=\begin{cases}1 & \text{if}(M_{J,C}>0)\\ 0 & \text{if}(M_{J,C}=0)\end{cases} \quad (\text{i.e., } C=X,Y,Z)$$

其中：C 表示当前分割的沿坐标轴 C 进行分割；$J(1\sim N_C)$ 表示网格编号；N_C 表示本次沿坐标轴 C 进行分割得到的网格总数；$M_{J,C}$ 表示第 J 个网格包含的几何体数目，则 $F(C)$ 定义为本次沿坐标轴 C 进行空间分割的代价函数，其另一个含义为每个非空网格平均包含的几何体数目，因此 $F(C)$ 越小，则蒙特卡罗中子输运几何处理的代价越小，效率越高；若 $F(C)$ 越大，则几何处理的代价越大，效率越低。同时，将代价函数的倒数定义为网格模型的品质因子（Quality Factor，QF），即：

$$QF=F(C)^{-1}=\frac{\sum\limits_{J=1\sim N_C} N_{J,C}}{\sum\limits_{J=1\sim N_C} M_{J,C}} \quad (\text{i.e., } F(C)\geqslant 1,\ 0<QF\leqslant 1.0) \tag{3-4}$$

由于代价函数满足 $F(C)\geqslant 1$，则一个任意网格模型的品质因子满足 $0<QF\leqslant 1.0$。因此，对于任意一个分割方案，若代价函数 $F(C)$ 越小，则品质因子 QF 越大，最终得到的网格模型越优，蒙特卡罗中子输运几何处理的效率也越高。当代价函数 $F(C)=1$ 时，即当前一次分割得到的每个非空网格平均只包含一个几何体，此时网格模型达到最优品质 $QF=1$，蒙特卡罗中子输运几何处理的效率也达到最优化。

2. 优化分割算法和步骤

基于空间网格分割的基本思想，以及结合蒙特卡罗中子输运几何处理的特点，本章提出了一种基于代价函数（Cost Estimation Function）的优化空间网格分割算法[30]。通过代价函数的选择，来自适应地选择优化的空间网格分割方案，从而使得基于最终优化网格模型能够获得最优的几何处理效率。空间网格分割方法主要用来解决多子体几何问题，因此下面的空间分割中主要以一个包含 N 个子几何体的母体为分割对象，分割的目的就是将这个N子几何体尽量均匀地分割到不同的网格中。因此，优化空间网格分割方法的基本步骤如下：

1）包围盒计算：计算母体中各子几何体的轴向包围盒。

包围盒方法在计算机图形学中已经是发展非常成熟的方法，因此可以直接利用3.2节介绍的方法为模型中的各几何体生成轴向包围盒数据。一个几何体的轴向包围盒是一个各边平行于坐标轴的平行六面体，其中$(X_{\min},X_{\max})$、$(Y_{\min},Y_{\max})$、和$(Z_{\min},Z_{\max})$分别表示该几何体在X、Y、Z轴向的几何尺寸范围。因此，根据计算机图形学中的轴向包围盒AABB技术，为母体中的各个子几何体构建轴向包围盒。在母体的XYZ坐标系下，各子几何体的轴向包围盒可表示为：

$$AABB_{\mathrm{J}}=[(X_{J,\min},X_{J,\max});(Y_{J,\min},Y_{J,\max});(Z_{J,\min},Z_{J,\max})]\quad (J=0\sim N) \tag{3-5}$$

其中：J表示整个模型中几何体的编号；$J=0$表示母几何体；N表示母体中子几何体的总个数；$AABB_0$表示母体的轴向包围盒；$AABB_J$表示模型中第J个子几何体的轴向包围盒。

2）粗网格分割：分别沿母体的X、Y、Z轴按照一定步长依次进行粗网格划分，然后分别计算沿各轴分割得到的网格模型的代价函数（或品质因子），选取代价值最小（或品质因子最高）的方案作为最优粗网格方案。粗网格分割的基本思路：

① 确定网格步长。根据母体（编号$J=0$）的轴向包围盒尺寸，分别对其沿X、Y、Z轴按照一定步长进行空间网格分割。首先，根据母体中各子几何体的轴向包围盒数据，计算沿X、Y、Z轴进行网格分割时的步长，一般选取沿各轴方向的最小包围盒尺寸作为沿对应轴分割的网格步长，可由如下公式获得：

$$X_{\mathrm{step}}=\min(|X_{i,\max}-X_{i,\min}|) \tag{3-6}$$

$$Y_{\mathrm{step}}=\min(|Y_{i,\max}-Y_{i,\min}|) \tag{3-7}$$

$$Z_{\mathrm{step}}=\min(|Z_{i,\max}-Z_{i,\min}|) \tag{3-8}$$

其中：X_{step}、Y_{step}、Z_{step}分别表示为沿X、Y、Z轴对母体进行空间网格分割的网格步长。

② 确定沿母体X、Y、Z轴进行分割的网格步长后，以X_{step}、Y_{step}、Z_{step}为网格步长对母体分别沿X、Y、Z轴进行均匀空间网格分割，依次分割后可到3种粗网格分割方案，这3种空间分割方案得到的网格数目N_X、N_Y、N_Z分别为：

$$N_X=\frac{|X_{0,\max}-X_{0,\min}|}{X_{\mathrm{step}}} \tag{3-9}$$

$$N_Y=\frac{|Y_{0,\max}-Y_{0,\min}|}{Y_{\mathrm{step}}} \tag{3-10}$$

$$N_Z=\frac{|Z_{0,\max}-Z_{0,\min}|}{Z_{\mathrm{step}}} \tag{3-11}$$

因此，这3种粗网格模型对应的代价函数$F(X)$、$F(Y)$、$F(Z)$分别为：

$$F(X)=\frac{\sum_{J=1\sim N_X} M_{J,X}}{\sum_{J=1\sim N_X} N_{J,X}} \tag{3-12}$$

$$F(Y)=\frac{\sum_{J=1\sim N_Y} M_{J,Y}}{\sum_{J=1\sim N_Y} N_{J,Y}} \tag{3-13}$$

$$F(Z)=\frac{\sum_{J=1\sim N_Z} M_{J,Z}}{\sum_{J=1\sim N_Z} N_{J,Z}} \tag{3-14}$$

其中：$M_{J,X}$、$M_{J,Y}$、$M_{J,Z}$ 分别表示母体沿 X 、Y 、Z 轴进行网格分割后每种粗网格模型中第 J 个网格包含的子几何体的数目；$N_{J,X}$、$N_{J,Y}$、$N_{J,Z}$ 分别表示每种粗网格模型中第 J 个网格是否为空网格，它们的关系如下：

$$N_{J,X}=\begin{cases}1 & \text{if } (M_{J,X}>0)\\ 0 & \text{if } (M_{J,X}=0)\end{cases} \tag{3-15}$$

$$N_{J,Y}=\begin{cases}1 & \text{if } (M_{J,Y}>0)\\ 0 & \text{if } (M_{J,Y}=0)\end{cases} \tag{3-16}$$

$$N_{J,Z}=\begin{cases}1 & \text{if } (M_{J,Z}>0)\\ 0 & \text{if } (M_{J,Z}=0)\end{cases} \tag{3-17}$$

由此可知，代价函数的意义在于衡量一个空间网格分割模型，每个非空网格平均包含的子几何体数目。

③ 确定最优的粗网格分割方案

根据前面 3 种粗网格划分方案，已经计算出了每种分割方案的代价函数。在进行蒙特卡罗中子输运计算几何处理时，为了查找中子当前所在几何体，需要两个步骤：a. 首先是根据中子坐标查找其所在的网格；b. 然后再对该网格包含的几何体进行依次判断，从而确定中子当前所在几何体。从中可以看到，步骤 a.的时间复杂度为 $O(1)$，因此要想提高每次几何查找的效率，直接决定于第 b.步中遍历几何体数目的多少，个数越少，所花费查找时间越少，效率越高。因此，对于这 3 种粗网格模型而言，每次查找的平均复杂度为分别为 $O(F(X))$、$O(F(Y))$、$O(F(Z))$。因此，代价函数越小，所耗费的平均代价也越小。因此可以认为，代价函数最小的空间网格分割方案作为最优的粗网格分割方案。

3）细网格分割：针对第 2 步得到的每个粗网格，重复第 2 步中第①～③步骤，并依次递归下去，直到待分割的网格中包含的几何体数目少于一定数目时，或者一个粗网格沿 X 、Y 、Z 轴都进行过分割时，停止分割。其中，第③步和第②步的区别在于：第②步以整个母体为分割对象，而第③步则针对某一个特定网格继续进行空间网格细分，但其本质是一样的，都是对某一个特定的几何空间按照一定的网格步长进行空间网格分割。

优化空间网格分割方法是一个迭代递归的过程，具体实现算法如图 3-35 所示。

算法 1. GN_OptimalSubdivision (Space *BB*, List *GE*, Grid *RT*): 给定CSG模型的包围盒*BB*,*GE*为包围*BB*盒中包含的几何体列表，*RT* 是返回的空间网格树形数据结构的根节点.

```
// 对包围盒BB沿坐标轴X、Y、Z轴进行迭代分割
for axis = X_axis, Y_axis, Z_axis
    // 沿某一（未分割过）坐标轴进行空间分割
    switch (axis)
        case X_axis:
            if (IsSubdividedX (BB)==false) then
                tmp_axis = X_axis
            else
                continue
            end if
        end case
        case Y_axis:
            if (IsSubdividedY (BB)==false) then
                tmp_axis = Y_axis
            else
                continue
            end if
        end case
        case Z_axis:
            if (IsSubdividedZ (BB)==false) then
                tmp_axis = Z_axis
            else
                continue
            end if
        end case
    end switch
    // 用垂直于坐标轴 tmp_axis的平面对BB进行均匀
    // 空间网格分割
    TmpRT = UniformSubdivision(BB, GE, tmp_axis)

    // 基于代价函数，对当前划分的网格模型TmpRT
    // 计算品质因子QF
    QF = CalculateQualityFactor(TmpRT)

    // 选择品质因子QF最大的模型为最优模型
    if (QF > OptimalQF) then
        OptimalQF = QF
        RT = TmpRT
    end if
end for

// 细网格划分：针对前面划分得到的所有粗网格
// RT[i]进行迭代细网格划分
for node = RT[1], RT[2], …, RT[N]   // N = RT.size()
    if (IsTerminateSubdivision (node) == false) then
        GN_OptimalSubdivision (node, node.GE(), RT[i])
    end if
end for

return
```

图 3-35 优化空间网格分割算法图

3.4.3 基于网格模型的几何处理方法

1. 基于网格模型几何体查找方法

基于空间网格分割模型进行几何体查找时，只需要两步操作：① 根据中子空间坐标 $P(x,y,z)$ 和网格分割步长，快速查找中子所在空间网格（编号）；② 依次遍历中子所在网格包含的子几何体，逐一判断中子是否在某一个子体中，若在则返回该子几何体，否则中子在母体中。采用优化空间网格分割 OSS 方法的最大优点在于其继承了均匀空间网格分割方法的优势，即基于网格模型进行几何体查找时能够实现 $O(1)$ 复杂度的网格定位操作。其主要原理在于：在进行 OSS 空间网格分割时，每单次分割操作（粗网分割或者细网分割）都是采用相同的分割步长，且针对每个网格沿 X 、Y 、Z 轴最多各分割一次，不允许对任一网格沿某一坐标轴进行重复多次分割。因此，在蒙特卡罗中子输运计算时，基于网格模型进行几何体查找的实现算法如图 3-36 所示。

下面以图 3-37 所示为例子说明基于优化空间网格模型进行几何体查找的基本思想和流程。这里假设：一个母几何体进行优化空间网格分割的条件是该母几何体包含的子几何体个数大于一定数目 ΔN_1（此处假设 $\Delta N_1 = 5$），一个粗网格需要进行细网格分割的条件是该细网格包含的子几何体个数大于一定数目 ΔN_2（此处假设 $\Delta N_2 = 1$），一个细网格需要再次进行细分的条件是该细网格包含的子几何体数目大于一定 ΔN_3（此处假设 $\Delta N_3 = 2$）。如图所示，在母几何体 S 中，其包含 V_1、V_2、V_3、V_4、V_5、V_6 共 6 个子几何体

算法 2. GN_ParticleLocation (Grid *RT*, Point *P*, Object *GEO*): 给定粒子当前空间坐标 *P(X, Y, Z)*，RT为基于优化空间网格分割方法划分得到的网格模型，返回粒子当前所在的几何体*GEO*.

```
// 初始化根节点 TmpRT
// RT.Depth = 0
TmpRT = RT

// 确定粒子当前所在网格编号
while TmpRT.Depth < 3 do      // HmaxDepth = 3
   // 节点TmpRT沿axis分割
   axis      =  TmpRT.GetSubdivisionAxis()

   // 节点TmpRT的网格尺寸大小
   gridsize  =  TmpRT.GetUniformGridSize(axis);

   // 节点TmpRT 沿axis轴最小的边界尺寸
   boundary  =  TmpRT.GetMinBoundary(axis);

   switch (axis)
      case X_axis:
         // 根据得到的网格尺寸，确定当前
         // 包含坐标分量 P.X的网格编号
         index  =  int ( (P.X - boundary) / gridsize)
      end case
      case Y_axis:
         index  =  int ( (P.Y - boundary) / gridsize)
      end case
      case Z_axis:
         index  =  int ( (P.Z - boundary) / gridsize)
      end case
   end switch

   // 更新当前节点TmpRT
   // TmpRT[index].Depth = TmpRT.Depth + 1
   TmpRT = TmpRT[index]
end while

// 获得当前节点TmpRT中包含的几何体
// 列表List
List = TmpRT.GetGEOList()

// 对几何体列表List中的所有几何体进行依次遍历，
// 查找包含点P的几何体
for geo = List[1], List[2], ···, List[N]    // N = List.size
   if (geo.Inside(P)==true) then
      // 粒子所在几何体为 GEO
      GEO = geo
      break
   end if
end for
return
```

图 3-36　优化空间网格分割示意图

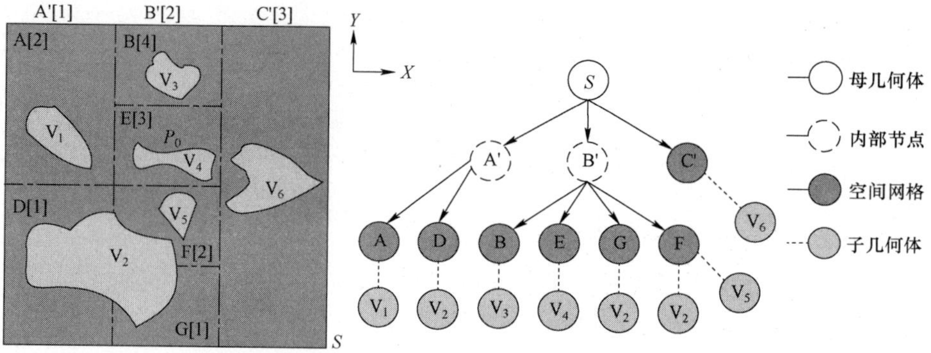

(a) 优化空间网格分割模型示意图　　(b) 网格模型“树”型数据存储结构

图 3-37　基于优化空间网格模型进行几何体查找示例

（大于 ΔN_1）。因此，基于优化空间网格分割 OSS 方法可以看到，首先根据代价函数最小值原则，得到的粗网格分割方案为将母几何体 S 沿 X 轴按照间距 Δx 进行均匀网格分割，此时会得到 3 个粗网格 A'、B'、C'。从图中可以看到，此时粗网格 A' 包含 2 个子几何体 V_1、V_2，粗网格 B' 包含 4 个子几何体 V_2、V_3、V_4、V_5，粗网格 C' 只包含 1 个子几何体 V_6。然后再对这 3 个粗网格 A'、B'、C'（包含子几何体个数大于 ΔN_2 的粗网格），同样按照代价函数最小值原则，沿（除去 X 轴）剩余的坐标轴（即 Y、Z）进行细网格分割。首先对于粗网格 A'，其包含子几何体数目为 2（大于 ΔN_2），按照代价函数最小值原则，得到的优化分割方案为沿 Y 轴按照间距 Δy_1 进行均匀网格分割，得到两个细网格 A、D，这两个细网格各包含一个子几何体，分别为 V_1、V_2。此时，需要再次判断是否需要对细网格 A、D 进行迭代分割，但由于这两个细网格包含的子几何体数目已经不再大于 ΔN_3，因此勿需迭代细分。同样，按照代价函数最小值原则，对粗网格 B' 沿（除去 X 轴）剩余的坐标轴（即 Y、Z）进行细网格分割，得到优化方案为沿 Y 轴按照间距 Δy_2 进行均匀网格分割，得到 4 个细网格，分别为 B、E、F、G；其中细网格 B、E、G 各只包含一个子几何体，依次为 V_3、V_4、V_2，细网格 F 包含两个子几何体 V_2、V_5。然后，再次判断是否需要对 B、E、F、G 网格进行迭代细分，经过判断，因为网格 B、E、F、G 包含的子几何体数目不再大于 ΔN_3，因此这 4 个网格勿需迭代细分。对于粗网格 C'，其包含的子几何体数目不大于 ΔN_2，因此无需再对粗网格 C' 进行细分。

为了查找中子所在的几何体，第一步根据中子坐标查找中子所在网格编号。假设母几何体包围盒为 $AABB_0 = [(X_{0,\min}, X_{0,\max});(Y_{0,\min}, Y_{0,\max});(Z_{0,\min}, Z_{0,\max})]$，中子当前空间坐标为 $P_0(X_p, Y_p, Z_p)$，需要查找中子所在几何体。首先，由于母几何体 S 沿 X 轴按照间距 Δx 进行均匀分割得到粗网格模型，因此可利用中子位置的 X 坐标和粗网格间距 Δx，得到中子当前所在的粗网格编号为：

$$\mathrm{ID}(1) = \left\lceil \frac{\left|X_p - X_{0,\min}\right|}{\Delta x} \right\rceil = 2 \tag{3-18}$$

其中：$\lceil x \rceil$ 表示取大于 x 的最小正整数；此时可以看到，编号为 ID(1) 的粗网格即为 $B'[2]$，括号内数字即为粗网格的编号。由于粗网格 $B'[2]$ 又沿 Y 轴按照间距 Δy_2 进行均匀网格分割，此时再根据中子位置的 Y 坐标和粗网格间距 Δy_2，确定其细网格编号为：

$$\mathrm{ID}(2)\big|_{\mathrm{ID}(1)} = \left\lceil \frac{\left|Y_p - Y_{0,\min}\right|}{\Delta y_2} \right\rceil = 3 \tag{3-19}$$

根据图 3-37 所示，编号为 $\mathrm{ID}(2)\big|_{\mathrm{ID}(1)}$ 的细网格即为 $E[3]$，即中子在第 2 个粗网格的第 3 个细网格里面。此时由于编号为 $\mathrm{ID}(2)\big|_{\mathrm{ID}(1)}$ 的网格没有沿 Z 轴再次迭代细分，因此沿 Z 轴方向上只有一个网格，故而有：

$$\mathrm{ID}(3)\big|_{\mathrm{ID}(2)|\mathrm{ID}(1)} = 1 \tag{3-20}$$

因此，根据上述判断过程可知，中子（坐标为 $P_0(X_p, Y_p, Z_p)$）所在的空间网格编号可表示为：$[\mathrm{ID}(1), \mathrm{ID}(2), \mathrm{ID}(3)]$，其含义为中子在第 ID(1) 个粗网格的第 ID(2) 个细网格的编号为 ID(3) 的网格中，即 $E[3]$ 网格。由于网格编号可根据中子坐标和网格分割步长直接计算得到，因此对于任意给定一个中子，可以 $O(1)$ 复杂度定位中子所在空间网格。

第二步依次遍历判断 $E[3]$ 网格所包含的子几何体，该网格只包含一个子几何体 V_4，经过 1 次判断便可发现中子不在中子几何体 V_4 中，因为中子不在该网格所包含的任一个子几何体中，则中子在母几何体 S。因此，基于优化空间网格模型，每次进行中子所在几何体查找的平均复杂度为：

$$O(1) * O(\overline{N}) = O(F) \tag{3-21}$$

因此，从式（3-21）可知，在进行空间网格分割时，代价函数 F 的大小直接决定了每次几何体查找操作的复杂度，故而每次空间网格分割时，得到网格模型的代价函数 F 越小，则每次进行几何体查找复杂度越低，从而蒙特卡罗中子输运计算几何处理效率越高。

2. 基于网格模型几何体边界距离计算方法

在蒙特卡罗中子输运计算中，为了计算中子沿其运动方向到最近几何体边界的距离，传统方法（见图 3-15）是需要依次计算中子到中子当前所在几何体的所有子体的边界距离，然后选择最小正值即为中子沿其运动方向到最近几何体边界距离。所以，当遇到多子体几何问题时，计算中子到最近几何体边界距离这一操作将非常耗时，影响蒙特卡罗中子输运计算效率。因此，本章提出了基于空间网格分割模型的方法，以减少每次计算时进行“射线–几何体”求交计算的次数。基于空间网格模型计算时，只需计算与中子轨迹射线相交的网格内部包含的所有几何体即可，若一个网格与中子轨迹射线不相交，则无需计算这些网格包含的几何体与中子轨迹射线的距离，从而减少不必要额外的计算开销。

对传统均匀空间网格分割方法而言，如图 3-38（a）所示，此时与中子轨迹射线相交的网格包括 5 个网格，各网格包含的几何体依次为V_3、V_4、V_6、V_6、V_6，因此为了计算中子当前沿其运动方向到最近几何体边界的距离，需要依次计算中子轨迹射线到上述 5 个几何体V_3、V_4、V_6、V_6、V_6边界的距离，然后选择最短距离即为所求解。而对于本章提出的基于优化空间网格分割模型进行计算时，如图 3-38（b）所示，由于优化空间网格分割方法是“对象依赖”方法，它能够考虑到模型中几何体的具体空间分布情况，此时与中子轨迹射线相交的网格只有 2 个网格 $E[3]$和$C'[3]$，这 2 个网格各自包含的几何体分别为V_4和V_6，此时只需计算中子沿其运动方向到几何体V_4和V_6边界的距离即可，然后从两者中选取较小者即为所求解。因此，基于代价函数的优化空间网格分割方法，考虑到了模型中几何体的具体空间分布情况，使得最终得到的网格模型的网格数目比传统的均匀空间网格分割方法得到的网格数目少很多，同时也使得基于优化空间网格分割模型计算时，与中子轨迹射线相交的网格数目更少，进行“射线–几何体”求交的次数也更少，从而使得几何处理的效率得到提高。

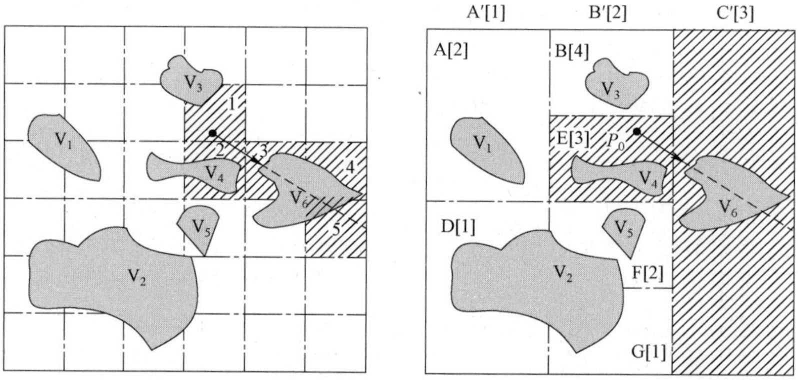

(a) 基于细网格模型计算边界距离 (b) 基于优化网格模型计算边界距离

图 3-38 基于优化空间网格模型计算中子到最近几何体边界距离

3.4.4 数值分析

1. 例题描述

采用了系列模型（见图 3-39）的固定源计算问题对优化空间网格方法的加速效果进

行数值分析[38]，而这些系列测试模型最主要特征就是具有多子体特性，因此几何处理的效率会很大程度地影响整个蒙特卡罗中子输运计算的效率。每个模型的固定源计算条件为：设置在模型中心的点源，能量为单能，中子初始出射方向为各向同性，计算源中子数为 100 000，串行计算，计算机处理器型号为 i5－2 400，主频为 3.1 GHz。

如图 3-39（a）所示，Case 1 系列为一个系列 $N\times N(N=1\sim 20)$ 的压水堆组件模型，每一个组件为17×17 燃料棒模型，其中棒栅距为 1.26 cm，组件栅距为 21.42 cm。每一个燃料棒都是采用精细结构描述，包括燃料芯块、空隙、包壳和慢化剂几何部分。同时，每一个组件的每一根燃料在轴向被分为了 400 层。因此，该系列模型的几何体数目约为：N^2组件×289 pin / 组件×400层 / pin 。因此，当 $N=20$ 时，模型中几何体的数目大约为 4 624 万几何体。

如图 3-39（b）所示，Case 2 系列为一个系列 $N\times N(N=1\sim 20)$ 的重水堆组件模型，每一个组件为 37－Element 的燃料棒模型，其中组件栅距为 18.191 cm。每一个燃料棒都是采用精细结构描述，包括燃料芯块和包壳几何部分。同时，每一个组件的每一根燃料在轴向被分为了 400 层。因此，该系列模型的几何体数目约为：N^2组件×37 pin / 组件×400层 / pin 。因此，当 $N=20$ 时，模型中几何体的数目大约为 600 万几何体。

如图 3-39（c）所示，Case 3 系列为一个系列 $N\times N(N=1\sim 20)$ 的高温气冷堆组件模型，每一个组件为 50×50×50 的栅格模型，每一个栅格中被随机地布置了一颗 TRISO 燃料球，其中组件栅距为 18.191 cm。每一个组件的栅格布置中，其栅距的选择以满足燃料的体积比为 19.6%。每一个 TRISO 燃料球都是采用精细结构描述。因此，该系列模型的几何体数目约为：N^2组件×12 500 TRISO球 / 组件 。因此，当 $N=20$ 时，模型中几何体的数目大约为 5 000 万几何体。

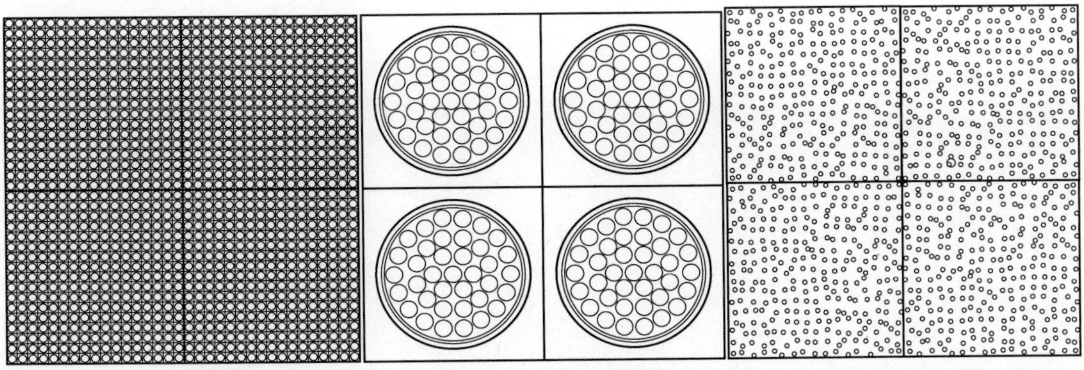

(a) Case 1：压水堆模型示意图　(b) Case 2：重水堆模型示意图　(c) Case 3：高温气冷堆模型示意图

图 3-39　核反应堆 $N\times N$（$N=2$）组件模型

2. 数值结果

基于空间网格模型进行几何处理时，几何处理效率的高低主要取决于空间网格模型品质因子 QF 的大小，同时几何处理效率的高低直接影响蒙特卡罗中子输运计算的效率。针对 Case 1～Case 3 3 大类系列例题，每一类例题从 $N=1$ 到 $N=20$ 总共 20 个子 Case，而每一个子 Case 又采用了 4 种不同的空间网格模型条件进行测试：① 无空间网格模型（传统几何处理方法）；② 品质因子为 QF_A 的空间网格模型；③ 品质因子为 QF_B 的空间网格模型；④ 品质因子为 QF_C 的空间网格模型。因此，针对 Case 1～Case 3 三大类系列例题，基于不同的空间网格模型进行蒙特卡罗中子输运计算，其总计算时间和加速比测试结果如图 3-40～图 3-42 所示。

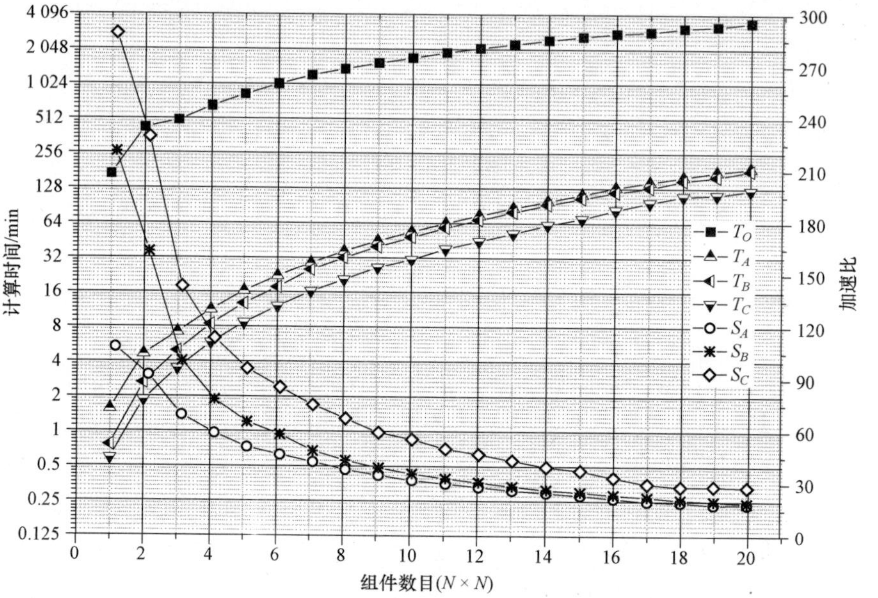

图 3-40 Case 1 系列模型蒙特卡罗中子输运计算时间和加速比对比图

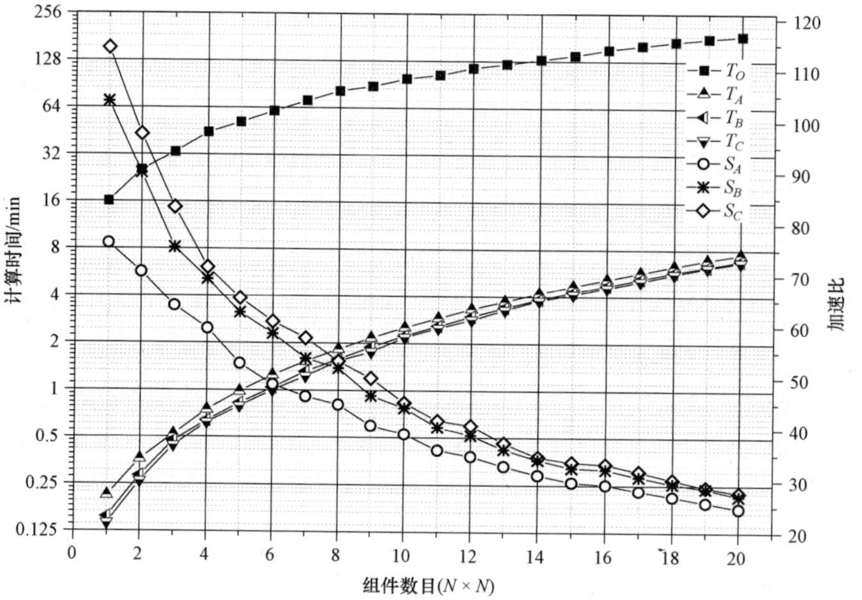

图 3-41 Case 2 系列模型蒙特卡罗中子输运计算时间和加速比对比图

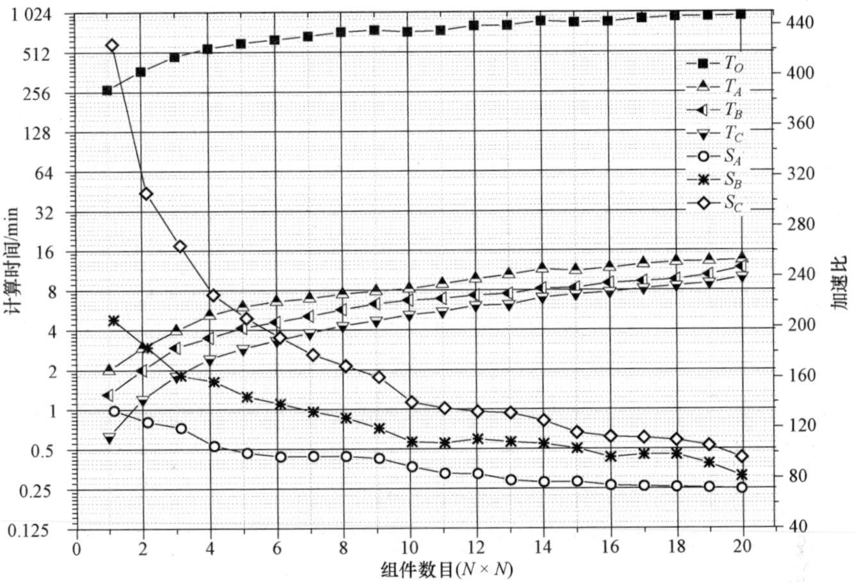

图 3-42 Case 3 系列模型蒙特卡罗中子输运计算时间和加速比对比图

在图 3-40～图 3-42 中，坐标横轴表示模型按照组件个数 $N \times N(N = 1 \sim 20)$ 排列的大小，而左右两个坐标纵轴分别表示蒙特卡罗中子输运计算时间（单位分钟）和加速比，其中加速比的定义为基于网格模型进行蒙特卡罗中子输运计算的时间除以不采用空间网格模型进行蒙特卡罗中子输运计算的时间。因此，图中 T_0 表示不采用空间网格模型进行蒙特卡罗中子输运计算的时间，而 T_A、T_B、T_C 分别表示采用品质因子为 QF_A、QF_B、QF_C 的空间网格模型进行蒙特卡罗中子输运时各自的计算时间。其中，针对 Case 1 系列模型进行蒙特卡罗中子输运计算时，各空间网格模型的品质因子为 $QF_A = 1.7344\text{E}-2$、$QF_B = 1.4049\text{E}-1$、$QF_C = 2.8208\text{E}-1$；针对 Case 2 系列模型进行蒙特卡罗中子输运计算时，各空间网格模型的品质因子为 $QF_A = 1.3547\text{E}-2$、$QF_B = 2.2702\text{E}-1$、$QF_C = 6.0150\text{E}-1$；同样针对 Case 3 系列模型进行蒙特卡罗中子输运计算时，各空间网格模型的品质因子 $QF_A = 6.6143\text{E}-3$、$QF_B = 1.8400\text{E}-2$、$QF_C = 9.4943\text{E}-1$。因此，对 Case 1～Case 3 的各系列模型进行蒙特卡罗中子输运计算时，其加速比可表示为：$S_A = T_A / T_0$、$S_B = T_B / T_0$、$S_C = T_C / T_0$。

从数值结果以看到，对同一个模型进行蒙特卡罗中子输运计算时，采用空间网格模型进行计算时，其计算时间会大幅减少，即使对于堆芯几何数量达到全堆芯规模时，基于空间网格模型计算时仍然能够得到很好的加速效果。对于任意一个包含 N 个几何体的模型而言，传统几何处理方法每次都平均需要 $O(N)$ 的复杂度来进行中子所在几何体查找和计算中子到最近几何体边界距离操作，然而基于本章提出的空间网格模型进行几何处理时，其每次操作的平均复杂度降为 $O(F)$。由于空间网格分割的思想就是将模型中所有 N 个几何体尽量平均地分割到不同的网格中，而 F 的含义就是平均每个非空网格包含的几何体个数，因此满足这样的条件 $F \ll N$。所以，对于 Case 1～Case 3 系列模型中任意一个模型进行蒙特卡罗中子输运计算时，都会发现基于空间网格分割模型进行计算时计算时间比使用传统方法的计算时间大幅减少。同时，从各测试结果图可以看到，对任意一个特定的系列模型采用空间网格模型计算时，各网格模型的品质因子满足 $QF_A < QF_B < QF_C$ 关系，因此测试结果的蒙特卡罗计算时间满足 $T_A > T_B > T_C$ 关系，而加速比则满足 $S_A < S_B < S_C$ 关系。由此可知，对于任意一个特定的模型进行蒙特卡罗中子输运计算时，对其采用空间网格分割方法进行加速处理时，空间网格模型的品质因子越高，则蒙特卡罗计算时间越短，而获得的加速比越高。

基于空间网格分割模型进行蒙特卡罗中子输运计算时，以图 3-40 中压水堆系列模型的测试结果为例，从图中可以看到当 $N=1$ 时（单组件）得到最大加速比为 288，随着模型组件数目 N 的增多，蒙特卡罗计算时间也逐步增加，同时加速比也逐步减小，当 $N=20$ 时得到的加速比为 20。同时，对于图 3-41 中的重水堆系列模型和图 3-42 中高温气冷堆模型，得到的最大和最小加速比为 114 和 24，425 和 71。同时，从数值计算结果中可以看到，随着模型中组件数目 N 的增多，当采用不同品质因子的空间网格模型进行蒙特卡罗中子输运计算时，其加速比在逐步减小，并同时在趋近一个固定值，即不同网格模型的加速比逐步达到一个恒定值。在本章提出的优化空间网格分割方法中，当网格模型的品质因子越高时，则空间网格模型的网格数目越多，即空间网格分割越细致（细网格），此时虽然网格模型的品质因子很高，但其带来的一个不足就是大量的空间网格会耗费大量计算机存储来存放网格模型的数据信息。因此，可以得出一个结论，随着模型组件数目的增多，采用粗网格（品质因子低）模型能够和细网格（品质因子高）模型得到同等倍数的加速效果，同时粗网格还带来一个额外优点就是减少计算内存开销。

通过采用基于代价函数的优化空间网格分割方法（OSS），来解决传统层级几何处理方法中多子体问题带来的几何处理效率降低的问题。该方法最大优点在于，其结合了计算机图形学中均匀和非均匀两种空间网格方法的优点，一方面 OSS 方法能够像均匀空间网格分割方法一样提供常数时间复杂度的网格定位操作，使得网格的遍历快速高效；另一方面，OSS 方法是一种“对象依赖”方法，它采用代价函数模型来衡量分割得到的网格模型中几何体具体空间分布的均匀情况，其目的是将模型中的所有几何体尽量均匀地分割到不同的网格中，从而减少几何处理中候选几何体的处理数目，提高几何处理速度，从而提升蒙特卡罗中子输运计算效率。

参考文献

［1］Popescu L M. A geometry modeling system for ray tracing or particle transport Monte Carlo simulation［J］. Computer Physics Communications，2003，150：21-30.

［2］M. Wang. CAD-based Monte Carlo Method：Algorithms for Geometric Evaluation in Support of Monte Carlo Radiation Transport Calculation［D］. University of Wisconsin，2006.

［3］M. B. Emmett. The MORSE Monte Carlo Radiation Transport Code System［R］. Oak Ride National Laboratory，1984.

[4] X−5 Monte Carlo Team. MCNP — A General Monte Carlo N-Particle Transport Code [R]. Version 5，Los Alamos National Laboratory，2003.

[5] S. D. Richard，C. M. J. Baker，A. J. Bird，et al. MONK and MCBEND：Current Status and Recent Developments [J]. Annals of Nuclear Energy，2015，82：63-73.

[6] 孙嘉龙，余纲领，余顶，等. 堆用蒙特卡罗程序几何重复结构功能开发 [J]. 强激光与粒子束，2013，25（1）：219-222.

[7] 张宝印，李刚，邓力，等. 组合几何 Monte Carlo 粒子输运支撑软件框架 JCOGIN 的研发 [J]. 原子能科学技术，2013，47：448-452.

[8] B. R. Nease，D. L. Millman，D. P. Griesheimer，et al. Geometric templates for improved tracking performance in Monte Carlo codes [C]. Joint International Conference on Supercomputing in Nuclear Applications and Monte Carlo. La Cité des Sciences et de l'Industrie，Paris，France，2013.

[9] K. Smith，B. Forget. Challenges in the Development of High-fidelity LWR Core Neutronics Tools [C]. International Conference on Mathematics and Computational Methods Applied to Nuclear Science and Engineering. American Nuclear Society，Idaho，USA，2013.

[10] D. She，Z. Li，Q. Xu，et al. Probability-neighbor method of acceleration geometry treatment in reactor Monte Carlo Code RMC [C]. International Conference on Mathematics and Computational Methods Applied to Nuclear Science and Engineering. American Nuclear Society，2011.

[11] The ANSWERS software service. Hole Geometry—An Introduction to the Hole Geometry Package as used in MONK and MCBEND [R].

[12] Geant4 Collaboration. Geant4 User's Guide for Application Developers [R]. 2009.

[13] 宋婧. 面向先进反应堆的蒙特卡罗模拟方法与程序设计研究. 中国科学技术大学，2014.

[14] 陈珍平.蒙特卡罗粒子输运计算几何处理加速方法研究 [D]. 中国科学技术大学，2015.

[15] J. Song，G. Sun，Z. Chen，et al. Benchmarking of CAD-based SuperMC with ITER Benchmark Model [J]. Fusion Engineering and Design，2014，89：2499-2503.

[16] Bin Wu，Zhenping Chen，Jing Song，et al. Geometry Navigation Acceleration Algorithm for Monte Carlo Radiation Simulation [C]. Transactions of the American Nuclear Society and Embedded Topical Meeting Nuclear Fuels and Structural Material，Reno，Nevada，USA，2014.

[17] Bin Wu，Zhenping Chen，Jing Song，et al. Advanced Geometry Navigation Methods Without Cavity Representation for Fusion Reactors [C]. Joint International Conference Mathematics and Computation，Super-computing in Nuclear Applications and the Monte Carlo Method，Nashville，TN，2015.

[18] R. Brun，A. Gheata，M. Gheata. The ROOT Geometry Package[J]. Nuclear Instruments and Methods in Physics Research Section A，DOI：10.101 6/S0168-9002（03）00541-2，2003.

[19] 马彦，付元光，邓力. 面向领域的大规模可视化建模工具 JLAMT 的开发与应用[C]. 第 15 届反应堆数值计算与粒子输运学术会议暨 2014 年反应堆物理会议，四川成都，2014.

[20] N. Horelik，B. Herman，et al. Benchmark for Evaluation and Validation of Reactor Simulations （BEAVRS）[C]. International Conference on Mathematics and Computational Methods Applied to Nuclear Science and Engineering （M&C 2013），Idaho，USA，2013.

[21] 付元光，马彦，李树，等. 基于 JMCT 的大亚湾反应堆精细建模与计算 [C]. 第 15 届反应堆数值计算与粒子输运学术会议暨 2014 年反应堆物理会议，四川成都，2014.

[22] 唐霄，梁金刚，王侃，等. 基于 BEAVRS 全堆基准体的 RMC 临界计算验证[C]. 第 15 届反应堆数值计算与粒子输运学术会议暨 2014 年反应堆物理会议，四川成都，2014.

[23] T. Larsson，A. M. Tomas. A Dynamic Bounding Volume Hierarchy for Generalized Collision Detection [J]. Computer and Graphics，2006，30：451-460.

[24] [61] B. Forrest. Fundamentals of Monte Carlo Particle Transport [R]. Lecture notes for Monte Carlo course，Los Alamos National Laboratory，2005.

[25] Chen Zhenping，Song Jing，Bin Wu，et al. Geometry Navigation Acceleration based on Automatic Neighbor Search and Oriented Bounding Box in Monte Carlo Simulation [C]. PHYSOR 2014－The Role of Reactor Physics Toward a Sustainable Future，The Westin Miyako，Kyoto，Japan，2014.

[26] Y. Wu，FDS Team. Conceptual Design of the China Fusion Power Plant FDS-II [J]. Fusion Engineering and Design，2008，83（10-12）：1683-1689.

[27] Y. Wu，FDS Team. Conceptual Design Activities of FDS Series Fusion Power Plants in China [J]. Fusion Engineering and Design，2006，81（23-24）：2713-2718.

[28] 陈珍平，宋婧，吴斌，等. 基于 CAD 邻居列表和包围盒的蒙特卡罗粒子输运几何跟踪加速方法研究 [J]. 核科学与工程，2016，36（2）：212-217.

[29] Y. Wu，J. Song，H. Zheng，et al. CAD-Based Monte Carlo Program for Integrated Simulation of Nuclear System SuperMC [J]. Annals of Nuclear Energy，2015，82：161-168.

[30] 陈珍平，宋婧，吴斌，等. 一种基于空间网格分割的蒙特卡罗粒子输运快速几何处理方法 [P]. CN201410571791.3，2015.

[31] V. Havran，R. Herzog，H. P. Seidel. On the Fast Construction of Spatial Hierarchies for Ray Tracing[C]. IEEE Symposium on Interactive Ray Tracing. IEEE Computer Society

Visualization and Graphic Technical Committee, Salt Lake City, Utah, USA, 2006.

［32］ K. Nakamaru, Y. Ohno. Breadth-first Ray Tracking Utilizing Uniform Spatial Subdivision［J］. Visualization and Computer Graphics, 1997, 3（4）: 316-328.

［33］ J. C. Thomas, N. A. Dodgson, M. A. Sabin. A Symmetric, Non-uniform, Refine and Smooth Subdivision Algorithm for General Degree B-splines［J］. Computer Aided Geometric Design, DOI: 10.101 6/j.cagd.200 7. 12.001, 2007.

［34］ R. Fagerberg. The Complexity of Rebalancing a Binary Search Tree［J］. Foundation of Software Technology and Theoretical Computer Science Lecture Notes in Computer Sciences, 1999, 1738: 72-83.

［35］ G. J. Sullivan, R. Baker. Efficient Quadtree Coding of Images and Video［J］. IEEE Transactions on Image Processing, 1994, 3（3）: 327-331.

［36］ K. Y. Whang, J. W. Song, J. W. Chang, et al. Octree-R: An Adaptive Octree for Efficient Ray Tracing［J］. IEEE Transactions on Visualization and Computer Graphics, 1995, 1（4）: 343-349.

［37］ M. Hapala, V. Havran. Review: kd-tree Traversal Algorithms for Ray Tracing［J］. Computer Graphics Forum, 2011, 30: 199-213.

［38］ Zhenping Chen, Jing Song, Bin Wu, et al. Optimal Spatial Subdivision Method for Improving Geometry Navigation Performance in Monte Carlo Particle Transport Simulation［J］. Annals of Nuclear Energy, 2015, 76: 479-484.

第 4 章

delta-tracking 加速方法

4.1 概　述

根据第 1 章公式（1-51）可知，当中子输运一步跨越多种材料时，为了确定中子该步的输运长度，需要计算中子沿其运动方向到被穿越的几何边界（同时也是材料边界）的距离 ΔL_i，然后根据公式（1-51）便可确定中子当前输运一步的输运长度。在进行蒙特卡罗中子输运计算时，如果中子每输运一步都需要计算中子到最近几何边界距离，那么这种中子跟踪方法就是所谓的 ray-tracking 方法，因为该方法中需要不断进行大量的计算中子轨迹射线（称为 ray）到最近几何边界（面方程）的距离，从而会直接影响到蒙特卡罗中子输运计算的效率。

由反应堆物理中子输运理论[1]可知，在均匀介质材料中，中子运动的平均自由程服从概率分布密度函数：

$$f(s)=\Sigma_{\mathrm{t}}(s)\exp\left(-\int_0^s \Sigma_{\mathrm{t}}(x)\mathrm{d}x\right) \tag{4-1}$$

其中：$\Sigma_{\mathrm{t}}(x)$ 为离中子源点距离 x 处所在材料的宏观总截面；则中子在当前这种介质材料中的输运长度抽样为：

$$L=-\frac{\ln\xi}{\Sigma_{\mathrm{t}}(E)} \tag{4-2}$$

对于中子跨越多层介质材料时，此时中子的输运长度抽样为：

$$L=\sum_{i=1}^{I-1}\Delta L_i+\left(\frac{-\ln\xi}{\Sigma_{\mathrm{t},I}(E)}\right) \tag{4-3}$$

根据上述内容可知，利用公式（4-1）～式（4-3）进行中子输运长度抽样时，当中子输运一步跨越多种几何（材料）边界时，以图 4-1 所示为例，当中子从一种材料 A 的 P_0 点穿过几何（材料）边界进入另外一种材料 B 时，当前中子输运一步的输运的长度 L 为：

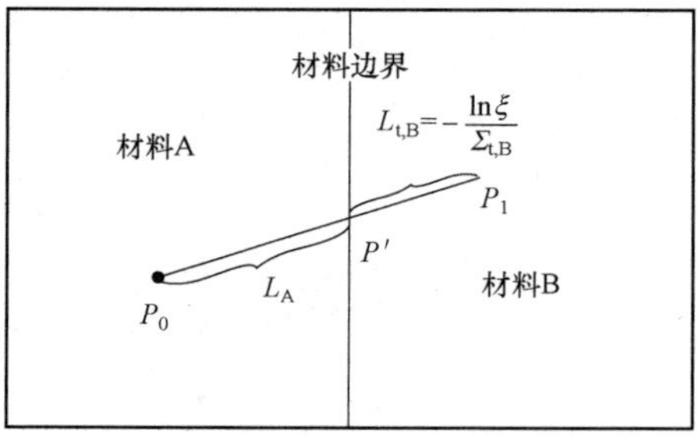

图 4-1　基于 ray-tracking 进行输运长度计算

$$L=L_{\mathrm{A}}+L_{\mathrm{B}}=L_{\mathrm{A}}+\left(-\frac{\ln\xi}{\Sigma_{\mathrm{t,B}}}\right) \tag{4-4}$$

因此，中子在每次输运穿过几何边界时，都需要计算中子沿径迹方向到所在几何边界的距离 L_A 。这种中子每输运一步都需要计算中子到几何边界距离的跟踪方法，就是 ray-tracking 方法。从中可以看到，由于中子每输运一步都需要频繁地进行几何边界距离的计算，会导致几何处理花费较多的计算时间，从而影响蒙特卡罗程序的计算效率。特别是对于如图 4-2 所示比较特殊的模型，当中子输运一步需要跨越多几何边界时，会带来更多的潜在效率问题，此时中子每输运一步需要计算很多次几何边界距离，而边界距离的计算主要是进行二次方程的求解，大量的二次方程求解将会额外增加大量的计算时间，从而降低蒙特卡罗中子输运计算的效率。

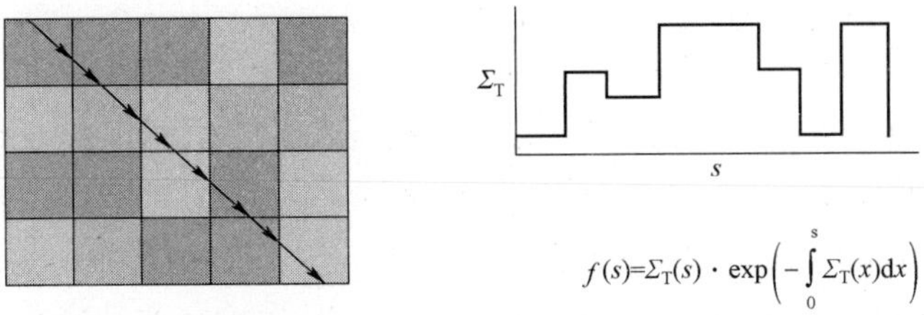

图 4-2 跨越多几何边界的 ray-tracking 中子跟踪方法

4.2 delta-tracking 方法

4.2.1 理论方法

为了弥补在传统的 ray-tracking 中子跟踪方法中，中子每次穿越几何（材料）边界时都需要频繁地进行几何边界距离计算带来效率降低的缺陷，Woodcock 在 20 世纪 60 年代提出了 delta-tracking 方法[2-3]来解决这个问题。delta-tracking 方法的基本原理在于：假设一个模型总共包含 N 个几何体，每个几何体都被赋予了一种特定的材料，整个模型中共有 M 种材料；delta-tracking 方法通过给每种材料的的宏观总截面添加一个“虚截面”，让后把整个模型当成一种介质材料来进行蒙特卡罗中子输运，从而中子每步的输运长度便可根据式（4-2）直接计算获得，即使中子跨越多材料边界时，也不再需要进行几何边界距离的计算，从而节省中子跟踪的时间，达到提高蒙特卡罗中子输运计算的效率。如图 4-3 所示。

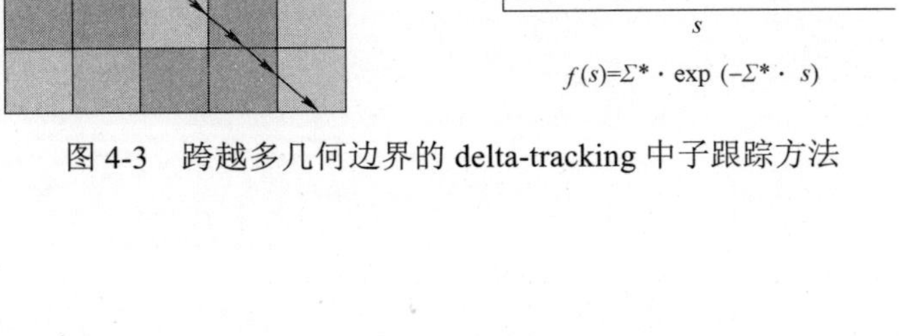

图 4-3 跨越多几何边界的 delta-tracking 中子跟踪方法

假设一个模型中包含 M 种介质材料：$M_1, M_2, M_3, \cdots, M_M$，对于中子处于某一能量 E_i，各材料在该能量 E_i 下的的宏观总截面为：$\Sigma_{t,1}, \Sigma_{t,2}, \Sigma_{t,3}, \cdots, \Sigma_{t,M}$。对所有材料对应能量下的宏观总截面值进行如下处理：

$$\Sigma_{t,\max} = \{\Sigma_{t,1}, \Sigma_{t,2}, \Sigma_{t,3}, \cdots, \Sigma_{t,M}\} \tag{4-5}$$

$$\Sigma_{t,\max} = \Sigma_{t,1} + \Sigma_{1,\delta} = \Sigma_{t,2} + \Sigma_{2,\delta} = \ldots = \Sigma_{t,M} + \Sigma_{M,\delta} \tag{4-6}$$

其中：上式中 $\Sigma_{t,\max}$(或Σ^*) 为当前能量 E_i 下这 M 种材料中宏观总截面的最大值，而式（4-6）中的 $\Sigma_{1,\delta}, \Sigma_{2,\delta}, \Sigma_{3,\delta}, \cdots, \Sigma_{M,\delta}$ 被称为虚截面[4]，这些截面数据是人为定义和添加的，为了让整个模型能够被当成同一种介质材料来处理，同时也可以用式（4-2）直接进行输运长度抽样，而避免多次几何边界距离的计算，提高中子跟踪效率。此时，根据式（4-2），中子每步的输运长度抽样为：

$$L = -\frac{\ln \xi}{\Sigma_{t,\max}} \tag{4-7}$$

此时，由于给每种材料的宏观总截面引入了虚截面，因此式(4-7)中抽样采用的 $\Sigma_{t,\max}$ 是包含虚截面部分的，因此为了排除因虚截面的引入而带来的与真实中子输运物理问题的偏差，需要将中子物理反应为“真反应”和“虚反应（或假反应)”，也就是按照式(4-7)进行抽样时，需要进行“拒绝抽样”来判断真假中子物理反应，其判断条件如下：

1）当前一步按照式（4-7）输运步长进行输运一步，然后判断是否满足条件 $\xi_1 < \Sigma_{t,i} / \Sigma_{t,\max}$（$\Sigma_{t,i}$ 为当前中子碰撞点材料的宏观总截面，ξ_1 为抽样在 0～1 之间的随机数)，如果满足该条件则中子在该点发生真实物理反应（真反应)，从而进行反应核素、反应类型、中子反应后状态进行抽样，然后进行下一步输运。

2）反之，如果不满足上述判断条件，则中子在该点发生“虚反应”或“假反应”，因此中子状态不发生变化，继续以式（4-7）抽样新的输运长度抽样（此时需要抽样新的随机数)，然后返回步骤 1）进行判断，直到发生真实物理反应或者中子离开系统为止。

从前述内容可知，delta-tracking 在进行中子输运跟踪时，当中子穿过材料边界时不需要计算几何边界距离，而这样的跟踪过程与传统的 ray-tracking 跟踪方法是完全不一样的。传统的 ray-tracking 跟踪方法是符合真实物理规律的，但 delta-tracking 方法只是为了提高蒙特卡罗中子输运计算效率而人为加速措施，它是不符合真实物理规律的，但是从概率论和统计学上来讲，经过 delta-tracking 方法处理以后，得到的最终结果和采用传统的 ray-tracking 方法所得到的结果是一致的，即 delta-tracking 方法对输运结果的统计是无偏的。

下面来证明 delta-tracking 方法对输运结果统计的无偏性。假设一个中子在介质中穿过 s 长的路程仍未发生反应的概率为 $P(s)$。已知有如下关系：

$$\Sigma_{t,\max} = \Sigma_t + \Sigma_\delta \tag{4-8}$$

为了后续理论推导方便，做如下标记：

$$\tau(s) = \int_0^s \Sigma_t(x)\mathrm{d}x \tag{4-9}$$

$$\tau_{\delta}(s)=\int_{0}^{s}\Sigma_{\delta}(x)\mathrm{d}x \tag{4-10}$$

根据式（4-9）和式（4-10），显然有：

$$\Sigma_{\mathrm{t,max}}s=\tau(s)+\tau_{\delta}(s) \tag{4-11}$$

对于一次特定的输运过程，中子可能经过 0 次、1 次、2 次、…、n 次虚碰撞到达 s 处，则有：

$$P(s)=\sum_{n=0}^{\infty}P(s\,|\,n) \tag{4-12}$$

其中，$P(s\,|\,n)$ 可由如下得到：

$$P(s\,|\,0)=\mathrm{e}^{-\Sigma_{\mathrm{t,max}}} \tag{4-13}$$

$$P(s\,|\,1)=\int_{0}^{s}P(x\,|\,0)\Sigma_{\delta}(x)P(s-x\,|\,0)\mathrm{d}x=\int_{0}^{s}\mathrm{e}^{-\Sigma_{\mathrm{t,max}}s}\Sigma_{\delta}(x)\mathrm{e}^{-\Sigma_{\mathrm{t,max}}(s-x)}\mathrm{d}x=\tau_{\delta}(s)\mathrm{e}^{-\Sigma_{\mathrm{t,max}}s} \tag{4-14}$$

$$\begin{aligned}P(s\,|\,2)&=\int_{0}^{s}P(x\,|\,1)\Sigma_{\delta}(x)P(s-x\,|\,0)\mathrm{d}x=\int_{0}^{s}\tau_{\delta}(x)\mathrm{e}^{-\Sigma_{\mathrm{t,max}}s}\Sigma_{\delta}(x)\mathrm{e}^{-\Sigma_{\mathrm{t,max}}(s-x)}\mathrm{d}x\\&=\int_{0}^{s}\tau_{\delta}(x)\Sigma_{\delta}(x)\mathrm{e}^{-\Sigma_{\mathrm{t,max}}s}\mathrm{d}x=\frac{[\tau_{\delta}(s)]^{2}}{2!}\mathrm{e}^{-\Sigma_{\mathrm{t,max}}s}\end{aligned} \tag{4-15}$$

$$P(s\,|\,n)=\int_{0}^{s}P(x\,|\,n-1)\Sigma_{\delta}(x)P(s-x\,|\,0)\mathrm{d}x=\frac{[\tau_{\delta}(s)]^{n}}{n!}\mathrm{e}^{-\Sigma_{\mathrm{t,max}}s} \tag{4-16}$$

因此，中子穿过 s 长的路程仍未发生核反应的概率 $P(s)$ 为：

$$P(s)=\sum_{n=0}^{\infty}P(s\,|\,n)=\sum_{n=0}^{\infty}\frac{[\tau_{\delta}(s)]^{n}}{n!}\mathrm{e}^{-\Sigma_{\mathrm{t,max}}s}=\mathrm{e}^{\tau_{\delta}(s)-\Sigma_{\mathrm{t,max}}s}=\mathrm{e}^{-\tau(s)}=\exp\left(-\int_{0}^{s}\Sigma_{\mathrm{t}}(x)\mathrm{d}x\right) \tag{4-17}$$

由此可知，在 delta-tracking 跟踪方法中，其输运长度仍然服从 E 指数分布，与 ray-tracking 跟踪方法中输运长度服从的概率密度分布函数保持一致。由此证明，delta-tracking 跟踪方法能够与传统的 ray-tracking 跟踪方法一样，保持对输运结果统计的无偏性。

4.2.2 delta-tracking 中子跟踪方法

传统 ray-tracking 方法进行中子跟踪时，为了确定中子的输运长度，主要需要几何处理两个步骤来完成：① 根据中子空间坐标，查找中子所在几何体，从而确定中子当前碰撞点所在的材料；② 根据中子坐标数据和运动方向，计算中子沿其运动方向到最近几何体边界的距离。而 delta-tracking 跟踪方法中，根据公式输运长度抽样式（4-7），只需要进行一次或多次步骤①操作即可，不再需要进行步骤②的操作便可确定中子输运长度。在蒙特卡罗中子输运几何处理过程中，步骤②常常需要求解大量复杂的二次方程而花费大量的计算时间，因此，delta-tracking 方法主要是通过对模型中各种材料进行“虚截面”处理来“均匀化”非均匀的材料模型，避免步骤②的计算便可根据式（4-7）确定输运长度，来达到加速中子跟踪的目的，从而提高蒙特卡罗中子输运计算的效率。

如图 4-4 所示为基于 delta-tracking 方法的中子输运跟踪流程图，其基本流程如下：

1）给定当前输运中子的状态参数 $S_0=(r_0,E_0,\Omega_0)$，即空间坐标：$r_0(x_0,y_0,z_0)$，运动方向：$\Omega_0(u,v,w)$，能量：E_0；

2）根据中子当前的能量 E_0，获取模型中所有 M 种材料在当前能量 E_0 下的宏观总截面值 $\Sigma_{t,i}(i=1\sim M)$，并得到最大值：$\Sigma_{t,\max}=\{\Sigma_{t,1},\Sigma_{t,2},\Sigma_{t,3},\cdots,\Sigma_{t,M}\}$；

3）初始化中间坐标变量：$r(x,y,z)\leftarrow r_0(x_0,y_0,z_0)$，和给定方向：$\Omega_0(u,v,w)$；

4）根据公式（4-7）和第 2）步得到的最大截面值 $\Sigma_{t,\max}$，进行输运长度抽样：$L=-\ln\xi/\Sigma_{t,\max}$，其中 ξ 为在［0，1］内均匀分布的随机数；

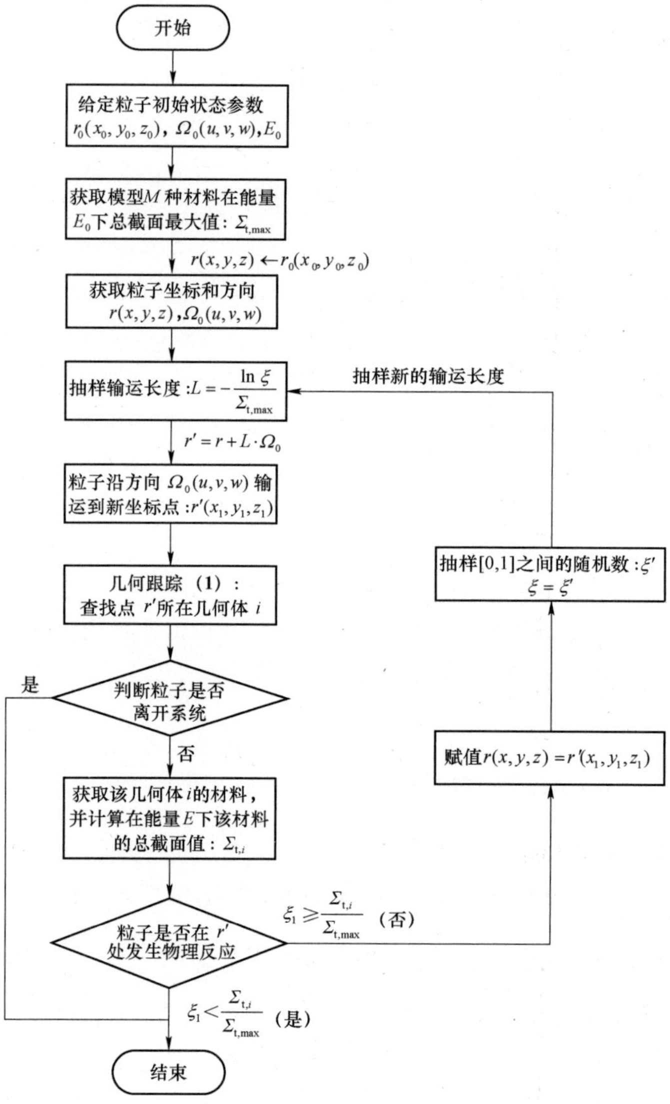

图 4-4　基于 delta-tracking 中子输运跟踪流程图

5）根据第 4）步抽样得到的输运长度，将中子从 r 点沿其运动方向输运 L 长度到 r' 点处，其中有：$r' = r + L \cdot \Omega_0$；

6）调用几何体查找操作，查找新的 r' 点所在的几何体 i，并判断该点是否离开系统，若是则本次输运结束，进入第 10）步；否则进入第 7）步；

7）获取第 6）查找到的几何体 i 的材料，并计算其宏观总截面值：$\Sigma_{t,i}$；

8）根据第 2）步和第 7）步得到的材料的最大宏观总截面值 $\Sigma_{t,max}$ 和当前 r' 点所在几何体材料的宏观总截面 $\Sigma_{t,i}$，判断在 r' 点处中子是否发生真实物理反应；若是则进入第 10）步，否则进入第 9）步；

9）重新抽样［0，1］之间的随机数 ξ_1，并回到第 4）步，利用新的随机数 ξ_1 重新抽样新的输运长度；

10）中子当前一步输运结束。

图 4-5 所示为一个基于 delta-tracking 方法中子跟踪示例图。其中图 4-5（a）阐释了基于 delta-tracking 方法进行中子跟踪的基本流程。如图所示，中子在编号为①②③的碰撞点处发生真实物理反应（真反应），在编号为 1～5 的碰撞点处中子发生虚反应（假反应）。相比传统的 ray-tracking 方法而言，delta-tracking 方法会增加额外的虚反应，但经 4.2.1 节的理论证明可知，1～5 处的虚反应的引入并不会对①～③处的真反应带来任何影响，即其对输运结果的统计是无偏的。从图 4-5（b）中可知，delta-tracking 相比传统的 ray-tracking 最大的优势在于，delta-tracking 方法能够将模型内部的几何边界细节进行“隐藏”，将模型当成一种材料来输运，即使当中子穿越几何边界时也不再需要计算中子到几何边界的距离，从而节省几何处理的时间，提高中子跟踪处理的效率。

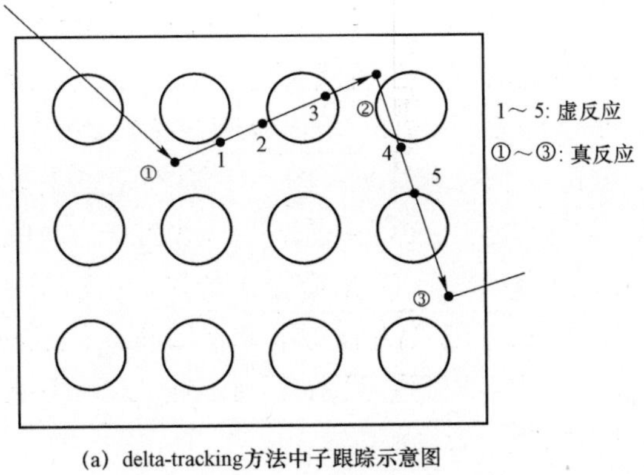

(a) delta-tracking方法中子跟踪示意图

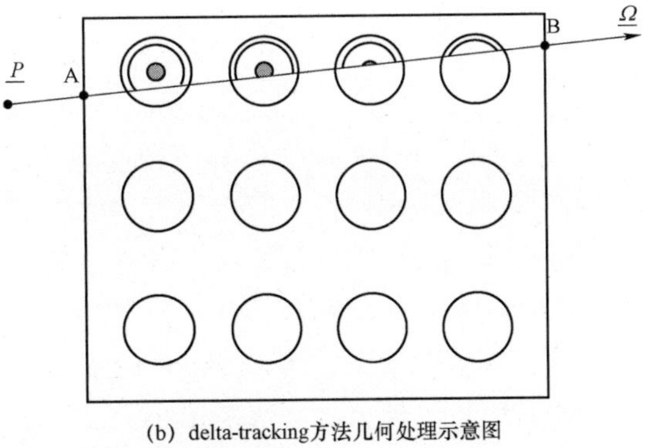

(b) delta-tracking方法几何处理示意图

图 4-5 基于 delta-tracking 方法中子跟踪示例

基于 delta-tracking 方法进行中子跟踪时，从几何处理方面来讲虽然不再需要每一步都计算中子到几何边界的距离，但其引入了另外一个问题，就是“虚反应”问题。从图 4-4 和图 4-5 可以知道，若中子在一个点被判断为“虚反应”，即中子在该处不会发生反应，中子状态不会发生任何变化，然后中子会沿着初始方向继续向前输运，直到发生真反应为止。因此，基于 delta-tracking 方法进行中子跟踪时，如图 4-5 所示，中子从一个发生真反应的坐标点出发，中间会经过若干次虚反应才会发生新的真反应，而对于任意一个反应点都需要判断该点所在的几何体，如果两个真反应之间包含太多的虚反应点，大量的几何体查找操作同样会降低 delta-tracking 方法的跟踪效率。

如图 4-6 所示模型为例，包含两个几何体 A 和 B，其中材料 A 为强吸收性质材料，因此在某些能量下两种材料的宏观总截面满足条件 $\Sigma_{t,B} \ll \Sigma_{t,A}$，且材料 A 在整个模型中占据较小的比例（体积比）。

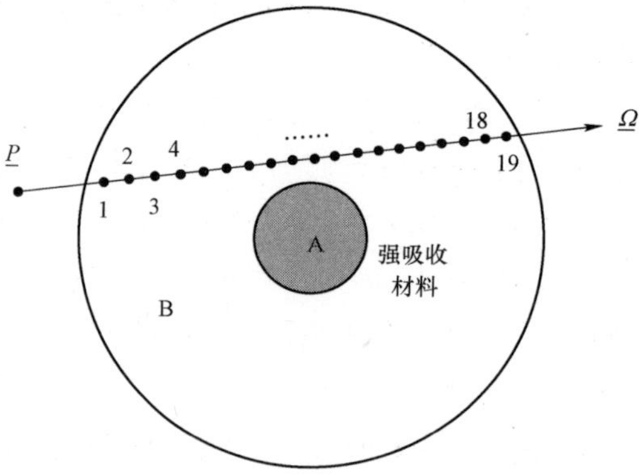

图 4-6　delta-tracking 方法中潜在低效率问题

如图 4-6 所示，中子从 P 点出发先到达 1 点，根据 4.2.1 节判断真假反应的判断准则，任意抽样一个在［0，1］内均匀分布的随机数 ξ，判断如下条件是否满足：

$$\xi < \frac{\Sigma_{t,B}}{\Sigma_{t,max}} = \frac{\Sigma_{t,B}}{\Sigma_{t,A}} \tag{4-18}$$

对于上述模型，显然有 $\Sigma_{t,max} = \max(\Sigma_{t,A}, \Sigma_{t,B}) = \Sigma_{t,A}$，因此得到式（4-18）。但是由于材料 A 是强吸收介质材料，且满足 $\Sigma_{t,B} \ll \Sigma_{t,A}$，因此有：

$$\frac{\Sigma_{t,B}}{\Sigma_{t,max}} = \frac{\Sigma_{t,B}}{\Sigma_{t,A}} \approx 0.0 \tag{4-19}$$

因此，中子在材料 A 中发生真反应的条件为，任意抽样的一个随机数，满足：

$$\xi < (\approx 0.0) \tag{4-20}$$

即中子在材料 A 中发生真反应的条件为，任意抽样一个随机数都要小于一个接近于 0 的值，因此在绝大多数情况下，真反应的判断条件式（4-20）是很难满足的。因此，就出现了如图 4-6 所示的情况，会发现从反应点 1、2、3、4、…、18、19 等都是发生虚反应，导致两次真反应之间出现大量的虚反应，而每次虚反应都要进行中子所在点几何体的查找操作，大量的几何体查找操作会耗费大量的计算时间，从而降低中子输运跟踪的效率。对于最坏情况就是，大量的虚反应导致几何体查找的时间大幅增加，使得 delta-tracking 方法的计算效率低于传统 ray-tracking 跟踪方法的效率高，从而导致 delta-tracking 方法不能发挥出其应有的优势，这就是 delta-tracking 方法潜在的低效率问题。

4.3　ray-tracking 与 delta-tracking 耦合方法

4.3.1　耦合方法原理

为了利用 delta-tracking 方法进行快速中子跟踪的优点，同时避免因其大量的虚反应导致的潜在效率降低问题，本章提出并实现了一种基于 ray-tracking 与 delta-tracking 耦合的中子跟踪方法。在 4.2.2 节提到过，在进行 delta-tracking 跟踪时，如果在很多材料区域存在 $\Sigma_{t,i} \ll \Sigma_{t,max}$ 情况的话，会导致 delta-tracking 跟踪效率显著地降低。因此，为了最大程度地避免这种问题的发生，本章采用了基于 ray-tracking 与 delta-tracking 耦合的跟踪方法来解决纯 delta-tracking 方法中存在的潜在效率降低问题。

基于 ray-tracking 与 delta-tracking 耦合的跟踪方法的原理在于：当中子在某一碰撞点处时，如果满足以下条件：

$$\frac{\Sigma_{t,i}}{\Sigma_{t,max}} < 1-\varepsilon \tag{4-21}$$

此时若 $1-\varepsilon$ 的值很小时，说明中子当前点所在材料的宏观总截面与该模型中所有材料的最大宏观总截面值差距较大，此时在该材料中若采用 delta-tracking 跟踪方法，则出现大量虚反应的概率较大，所以此该步适宜采用 ray-tracking 跟踪，那么输运长度采用当前材料的真实的宏观总截面进行计算：

$$L = -\frac{\ln \xi}{\Sigma_{t,i}} \tag{4-22}$$

此时，需要调用几何处理方法计算当前点沿中子运动方向到最近几何体的边界 d，如果条件 $L < d$ 满足，则中子输运到 L 处并发生真实物理反应，然后进行下一步输运；反之，则中子输运长度 d 到达几何体边界，并重新根据条件（4-21）进行输运，直到中子发生真实物理反应为止，该步结束。同理，如果中子在输运过程中，在某一碰撞点满足条件：

$$\frac{\Sigma_{t,i}}{\Sigma_{t,max}} \geqslant 1-\varepsilon \tag{4-23}$$

此时，则适宜采用 delta-tracking 方法进行中子跟踪，输运长度抽样即可按照式（4-7）进行计算即可。把上述式（4-22）和式（4-23）两式中 ε 的称为截断因子，根据不同的模型，截断因子会选择不同。可以看到，截断因子的大小直接决定了蒙特卡罗中子输运计算时 ray-tracking 和 delta-tracking 两种方法的切换条件，因此截断因子选择的是否合适是影响耦合跟踪方法计算效率的重要因素之一。

4.3.2 耦合中子跟踪方法

如图 4-7 所示为基于 ray-tracking 和 delta-tracking 耦合方法中子输运跟踪流程图。其具体流程如下：

1）给定中子初始状态，即空间坐标 $P(x,y,z)$、运动方向 $\Omega(u,v,w)$ 和能量 E。

2）根据中子当前能量 E，获取整个模型中所有材料在能量 E 下的最大宏观总截面值 $\Sigma_{t,max}$。

3）根据中子空间坐标 $P(x,y,z)$ 和运动方向 $\Omega(u,v,w)$，查找中子当前坐标所在的几何体 i，并获取几何体 i 的材料，计算该材料在能量 E 下的宏观总截面值 $\Sigma_{t,i}$。

4）根据给定的截断因子 ε，判断中子当前输运这一步采用何种跟踪方法，若满足条

件 $\Sigma_{t,i}/\Sigma_{t,max}<1-\varepsilon$，则采用 ray-tracking 跟踪方法，进入步骤 5)；否则采用 delta-tracking 跟踪方法，则进入步骤 6)。

5）采用 ray-tracking 进行中子输运跟踪。

① 根据当前中子碰撞点所在材料的真实宏观截面 $\Sigma_{t,i}$ 进行输运长度抽样，得到 $L=-\ln\xi/\Sigma_{t,i}$；

② 几何处理处理：计算中子沿其运动方向到最近几何体边界的距离 d；

③ 判断输运长度 L 与最近边界距离 d 之间的关系，若满足 $L<d$，则中子从 P 点沿运动方向 $\Omega(u,v,w)$ 输运长度 L，到达新的 P' 点：$P'=P+L\cdot\Omega$，此时当前输运一步结束，进入第 7）步；若满足 $L>d$，则中子先沿其运动方向输运长度 d，到达新的几何体边界 P'' 点：$P''=P+L\cdot\Omega$，然后判断 P'' 点是否离开系统，若是则进入第 8）步，否则返回第 3）步。

6）采用 delta-tracking 进行中子输运跟踪。

① 根据公式（4-7）抽样输运长度：$L=-\ln\xi/\Sigma_{t,max}$；

② 将中子从 P 点沿运动方向 Ω 输运长度 L，到达新的 P' 点：$P'=P+L\cdot\Omega$；

③ 进行几何处理处理，查找中子所在新的坐标 P' 点所在的几何体 j，获取该几何体的材料信息，并计算该材料在当前能量下的宏观总截面值 $\Sigma_{t,i}$；

④ 判断中子在 P' 点是否发生真反应：任意抽样一个[0，1]内均匀分布的随机数 ξ_1，如果满足 $\xi_1<\Sigma_{t,j}/\Sigma_{t,max}$ 条件，则中子在 P' 点发生真实物理反应，然后这一步输运结束，进入第 7）步；否则进入⑥；

⑤ 判断 P' 点是否离开系统，若否则返回第 3）步，若是则进入第 8）步；

7）记录当前中子输运一步对输运结果统计的贡献量。

8）中子当前一步输运结束。

从图 4-7 所示的耦合方法流程图可以看出，中子每次输运一步时，通过判断中子碰撞点处所在材料的宏观总截面与模型中最大总截面的比值 $\Sigma_{t,i}/\Sigma_{t,max}$，来调节 ray-tracking 跟踪和 delta-tracking 跟踪在合适的材料区进行输运，使得在纯 delta-tracking 跟踪时存在大量虚反应的区域用 ray-tracking 跟踪来替代，从而避免因大量虚反应的带来的潜在效率降低问题。

4.3.3 响应量估计

1. 体通量计算

由前述内容可知，虽然 delta-tracking 方法具有潜在加速蒙特卡罗中子输运计算的优势，但是由于在 delta-tracking 方法中不再计算和记录中子在各个几何体（材料区）飞行的径迹长度，而只判断在某一点是否发生真实反应，因此传统的“径迹长度估计”法不能再用于输运结果的统计。这里以计算中子体通量为例，这里的“体通量”是指临界计算时，进行网格或几何体的体通量计算。在进行 delta-tracking 跟踪时，由于不再记录中子输运过程的中子径迹长度，因此，对于通量的计算采用碰撞估计[4]：

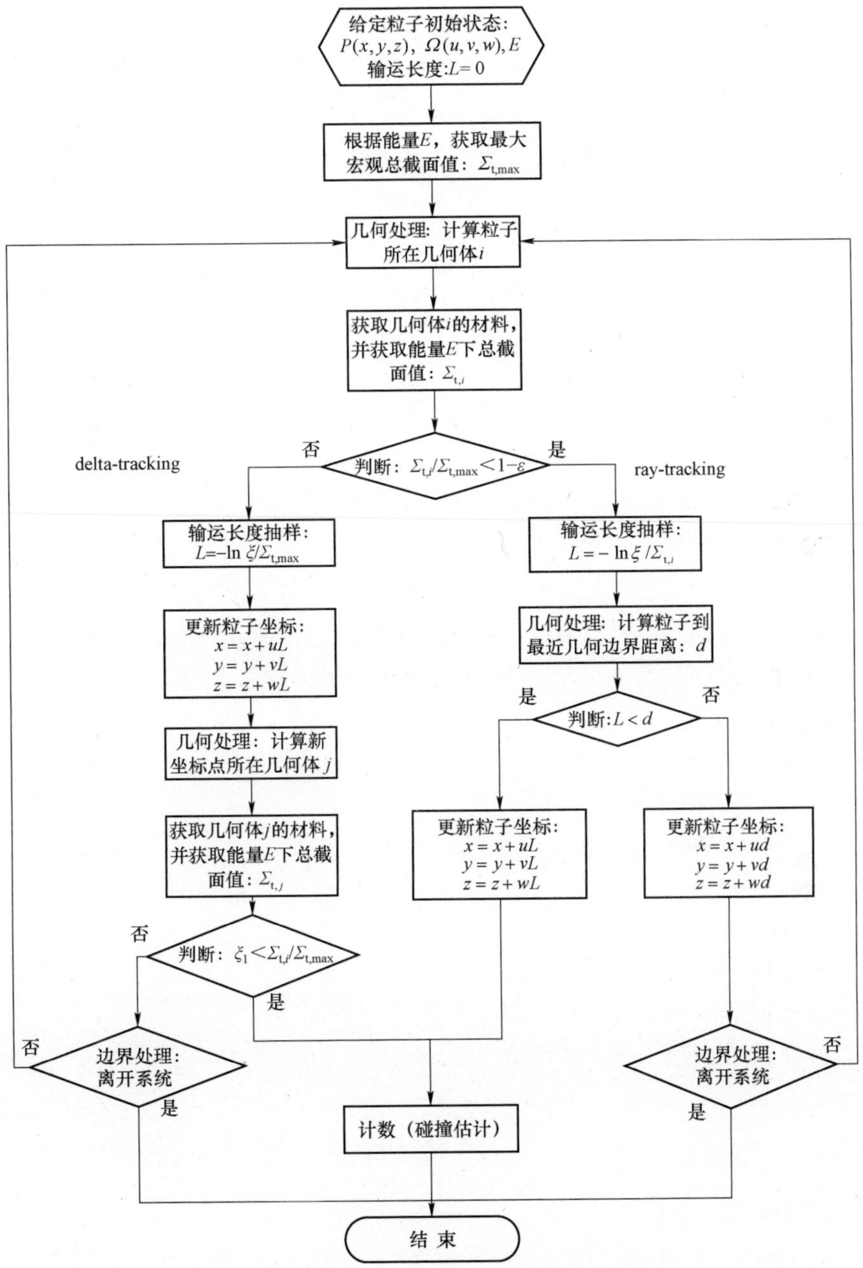

图 4-7 基于耦合方法的中子输运跟踪流程图

$$\phi_i(E)=\sum_{m=1}^{\infty}\frac{1}{\Sigma_{t,i}^{m}(E)} \tag{4-24}$$

从活跃代开始，对于几何体 i 进行能谱计数时，如果中子某一次碰撞反应发生在几何体 i 内，则将该次（能量为 E）宏观总截面的倒数进行叠加，作为该次碰撞反应堆几何体 i 体通量的一次贡献，最后将所有碰撞的通量贡献进行叠加求和，得到几何体 i 通量的碰撞估计。但是该方法也存在缺点：由于碰撞估计只有当碰撞反应发生在给定计数几何体内时，才会对几何体的通量有贡献，因此，对于小计数区域或碰撞率低的计数区域，会导致计算通量计算偏低，群常数计算偏高！为了减小碰撞估计带来的误差，国际上通常采用“虚碰撞计数”方法，来降低这种低估计导致的计算误差。

2. 有效增殖因子计算

对于临界计算下有效增殖因子 k_{eff} 计算时，传统 ray-tracking 方法中的“径迹长度估计”方法也不再适用。本章基于 delta-tracking 跟踪方法时，采用直接估计、碰撞估计和吸收估计的平均值[5-6]作为 k_{eff} 一代的最终值，其各种具体估计方法如下。

（1）直接估计

直接估计就是根据有效增殖因子的定义进行估计的。在反应堆物理中，有效增殖因子 k_{eff} 的基本定义为：

$$k_{\text{eff}} = \frac{\text{新生一代中子数}}{\text{直属上一代中子数}} \tag{4-25}$$

因此，在蒙特卡罗中子输运计算中，设第 j 代的有效增殖因子为 k_j，（其中第 0 代的初始 k_{eff} 的值 $k_0 = 1.0$ 或为其他假设值），第 $j+1$ 代的有效增殖因子为 k_{j+1}：

$$k_{j+1} = k_j \times \frac{N_{j+1}}{N_j} \tag{4-26}$$

其中，k_j 满足如下条件：

$$k_j = \begin{cases} 1.0 & (j = 0) \\ k_j^{CE} & (j \geqslant 1) \end{cases} \tag{4-27}$$

其中：N_j 为第 j 代经过裂变反应产生的中子数目；k_j^{CE} 为第 j 代碰撞估计得到的有效增殖因子 k_{eff} 值。

（2）碰撞估计

在蒙特卡罗中子输运时，每次迭代计算时，如果中子在可裂变区每发生一次碰撞，我们对下一代裂变中子都记录贡献。如果第 j 次迭代中，第 m 个中子的第 n 次碰撞在可裂变区，那么它对下一代裂变中子的贡献为 k_{eff} 按照下式计算：

$$k_{j,m}^{n} = w_n \frac{\sum_k f_k \bar{v}_k \sigma_{fk}}{\sum_k f_k \sigma_{Tk}} \tag{4-28}$$

若第 j 次迭代模拟了 N 个中子（或总权重为 N），则系统的 k_{eff} 的第 j 代估计为：

$$k_{\text{eff}}^{\text{col}} = \frac{1}{N} \sum_{m=1}^{N} \sum k_{j,m}^{n} \tag{4-29}$$

其中：i 是在可裂变区，每次碰撞过程；k 是在第 i 次碰撞过程中，组成材料的核素；$\sigma_{\text{T}k}$ 是第 k 个核素的微观总截面；$\sigma_{\text{f}k}$ 是第 k 个核素的微观裂变截面；f_k 是第 k 个核素的原子个数比例；$\bar{v}_k$ 是第 k 个核素的平均中子产额；ω_n 是第 i 次碰撞时中子的权重。

（3）吸收估计

如果第 j 次迭代中，第 m 个中子的第 n 次碰撞对下一代裂变中子的贡献按照下式计算：

$$k_{j,m}^{(n)} = \omega_n \bar{\nu}_k \frac{\sigma_{fk}}{\sigma_{fk} + \sigma_{ck}} \tag{4-30}$$

若第 j 次迭代模拟了 N 个中子（或总权重为 N），则系统的 k_{eff} 的第 j 代估计为：

$$k_{\text{eff}}^{\text{abs}} = \frac{1}{N}\sum_{m=1}^{M}\sum_{n} k_{j,m}^{n} \tag{4-31}$$

其中：N、i、ω_n、$\bar{\nu}_k$、σ_{fk} 的意义同碰撞估计相同；σ_{ck} 是俘获 $(n,0n)$ 截面。

4.3.4 数值分析

为了验证耦合方法的正确性、可行性和有效性，采用了两个组件模型（压水堆组件和沸水堆组件）[7-8]进行临界 k_{eff} 测试。蒙特卡罗中子输运临界计算条件为：每一代 3 000 源中子，非活跃代 300，总模拟代数 1 000。采用单核串行计算，计算机处理器型号为 i5－2 400，主频为 3.1 GHz。

1. 例题描述

第一个模型如图 4-8 所示为一个压水堆燃料组件模型，其中该组件为 17×17 棒栅布置模式，每根燃料棒的尺寸为 1.26 cm×1.26 cm，整个组件尺寸便为 21.42 cm×21.42 cm。该组件包含 24 个控制棒导向管（控制棒未插入，实际模拟时导向管以水填充）和 264 个燃料棒组成。其中导向管尺寸为内径 0.56 cm，外径 0.62 cm；燃料棒尺寸为燃料区域内径 0.41 cm，包壳外径为 0.475 cm，忽略包壳与燃料芯块间的空隙部分。

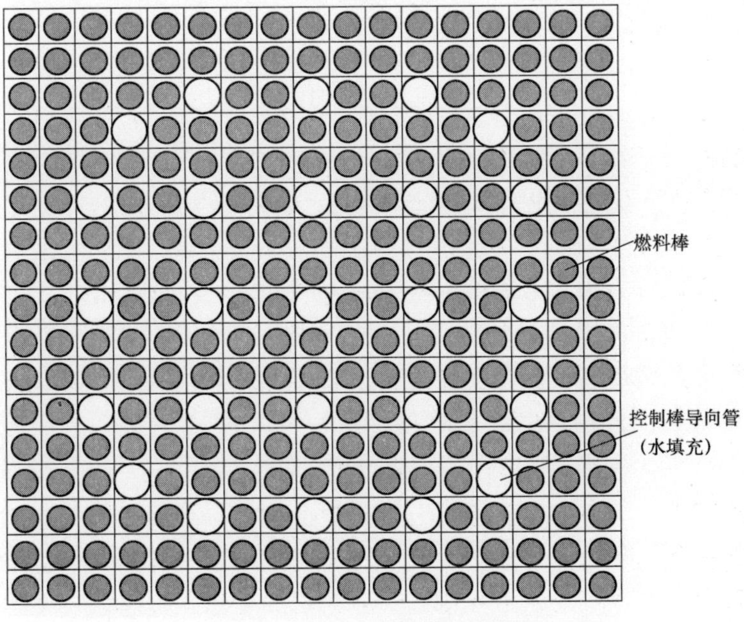

图 4-8 压水堆燃料组件模型

第二个模型如图 4-9 所示为一个沸水堆燃料组件模型，该组件模型为 10×10 的棒栅布置模式，每根燃料棒的尺寸为 1.295 cm×1.295 cm，整个组件尺寸便为 13.40 cm×13.40 cm。每根燃料棒由燃料区、空隙区、包壳区和冷却剂区组成，各个区域的外半径分别为 0.433 5 cm、0.442 0 cm 和 0.502 5 cm。在燃料组件中部有尺寸为 3.348 4 cm×3.348 4 cm 的慢化剂通道。其中，该组件模型中包含钆元素的燃料棒，而钆元素在中子热能谱区对中子有很强的吸收性，其较大的吸收截面会对 delta-tracking 方法的效率产生影响。

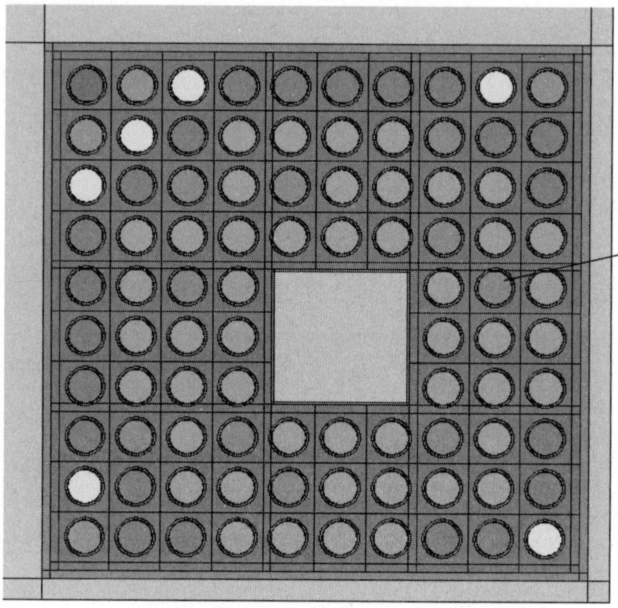

图 4-9　沸水堆燃料组件模型

2. 测试结果

针对图 4-8 和图 4-9 两个燃料组件模型，四周均采用全反射边界条件进行临界计算。图 4-10 和图 4-11 所示为采用 ray-tracking 与 delta-tracking 耦合跟踪方法进行蒙特卡罗中子输运计算时，计算时间和有效增殖因数 k_{eff} 随截断因子（ε）变化的分布示意图。从前面两幅测试结果图可知，当只采用 ray-tracking 方法（$\varepsilon=0$）进行蒙特卡罗中子输运计算时，完成计算的耗时最多。以图 4-10 为例，随着截断因子不断增大（$\varepsilon<0.8$），计算时间总体呈下降趋势，但当截断因子增大到某一值时（$\varepsilon_{最优}=0.8$），计算时间下降到最小值，随后计算时间又随着截断因子增大而略微增长（$0.8<\varepsilon\leqslant1$）。同理，在图 4-11 中，随着截断因子不断增大（$\varepsilon<0.95$），计算时间同样总体呈下降趋势，但当截断因子增大到某一值时（$\varepsilon_{最优}=0.95$），计算时间下降到最小值，随后计算时间又随着截断因子增大而开始增长（$0.95<\varepsilon\leqslant1$）。同时，从两幅图中可知，采用耦合跟踪方法进行蒙特卡罗中子输运计算时，虽然采用不同的截断因子，但最终临界计算得到的有效增殖因子 k_{eff} 都是符合较好的。

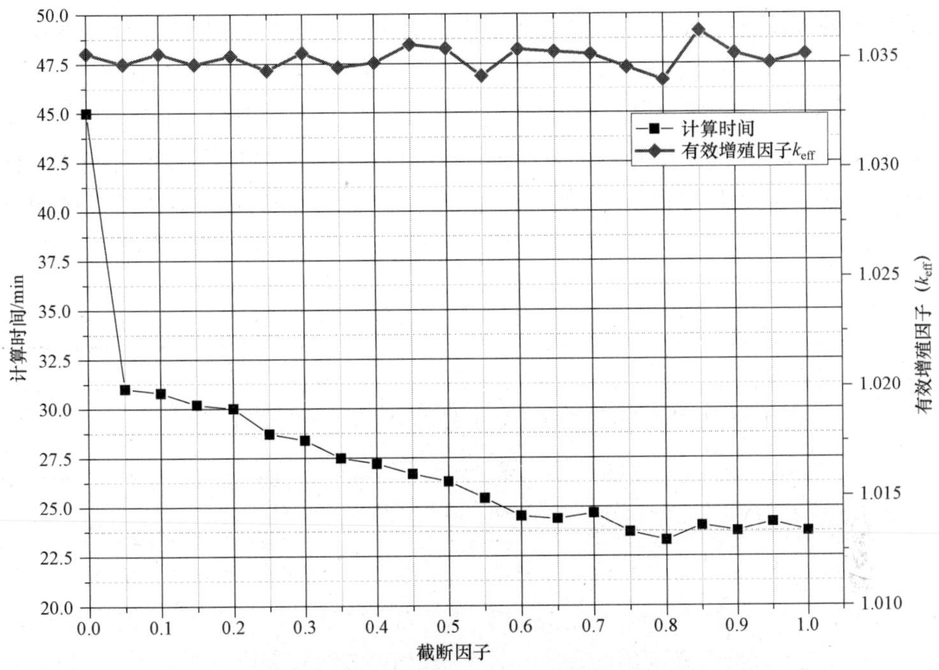

图 4-10 压水堆燃料组件模型测试结果

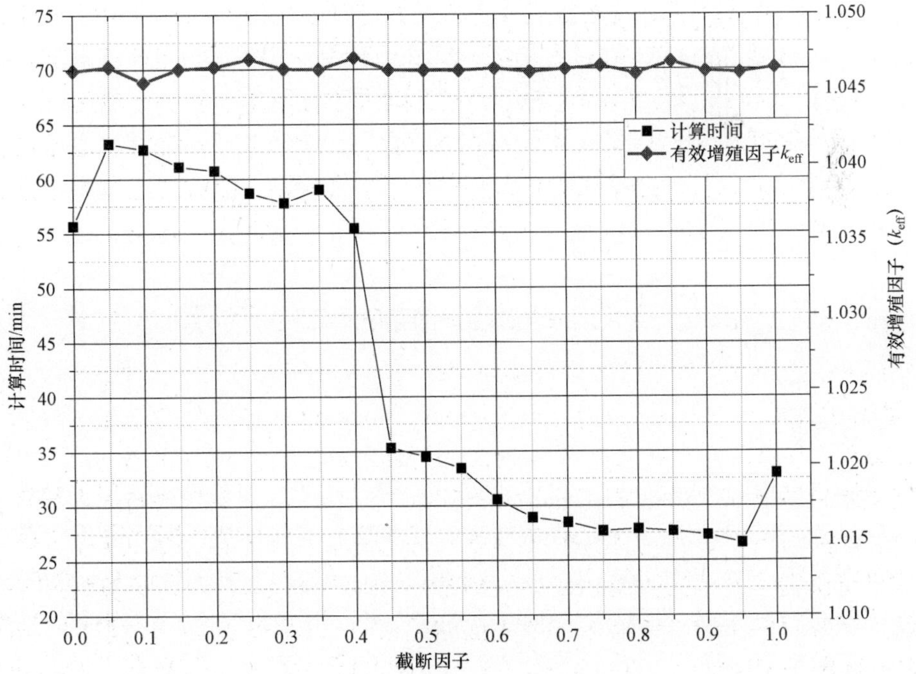

图 4-11 沸水堆燃料组件模型测试结果

表 4-1 给出了采用 ray-tracking 跟踪和基于最优截断因子耦合跟踪方法的计算时间对比结果[9]。从表中可以看到，只采用传统的 ray-tracking 进行蒙特卡罗中子输运计算时，

对两个模型完成临界计算的时间分别为 45.00 min 和 55.69 min。当采用基于最优截断因子耦合跟踪方法进行计算时，对两个模型各自完成计算的时间显著减少，分别为 23.29 min 和 26.60 min，此时两种情况下的最优截断因子分别为 0.80 和 0.95，得到的最优加速比分别为 1.93 和 2.10。因此，通过两个模型的临界计算测试结果可知，在保证计算结果精度的情况下，基于耦合跟踪方法进行蒙特卡罗中子输运计算能够有效提高计算效率。

表 4-1　耦合跟踪方法最优计算时间结果对比　　单位：min

测试模型	ray-tracking 跟踪	耦合跟踪（最优）	最优截断因子	加速比
PWR 组件	45.00	23.29	0.80	1.93
BWR 组件	55.69	26.60	0.95	2.10

通过采用基于 ray-tracking 与 delta-tracking 耦合的中子输运跟踪加速方法，通过减少中子跟踪过程中边界距离计算的操作次数，来降低总的几何处理时间，从而提高蒙特卡罗中子输运计算效率。通过两种方法内部耦合，将两种方法的优点相互结合起来，同时弥补彼此的缺点与不足，以此来解决蒙特卡罗中子输运时只采用单独 ray-tracking 跟踪方法遇到的耗时问题和只采用单独的 delta-tracking 跟踪方法遇到的潜在低效率问题。采用了两个反应堆组件模型对本章方法进行数值测试与验证，通过测试结果分析表明，通过调节截断因子，实现的耦合跟踪方法能够有效减少蒙特卡罗中子输运计算时间，提高蒙特卡罗计算效率。同时，采用耦合方法对不同的模型进行蒙特卡罗中子输运计算时，可以发现存在一个最优的截断因子（对应计算时间最少），因此以后对类似模型进行蒙特卡罗中子输运计算时，即可根据经验将最优截断因子作为输入参数进行蒙特卡罗计算，从而可以将程序计算时间减少到最少，提高蒙特卡罗中子输运计算效率。

4.4　分区 delta-tracking 方法

4.4.1　基本原理

在传统单区 delta-tracking 中子输运跟踪方法中，对 1 个含有 M 种材料的模型，通过引入 1 个唯一的当前中子能量下的最大宏观总截面 $\varSigma_{\mathrm{t,\ max}}$ 来对整个模型进行“单区虚拟均匀化”处理，将非均匀介质转化为单一均匀介质，此时将中子输运长度抽样公式由式（4-3）简化为式（4-7）以提高中子输运跟踪效率。然而研究发现，当模型局部区域存在强中子吸收体（或 $\varSigma_{\mathrm{t,\ max}}$ 较大的材料）时，此时模型部分材料区域（除强中子吸收体外的区域）满足 $\varSigma_{\mathrm{t},i} \ll \varSigma_{\mathrm{t,max}}$，则有 $\varSigma_{\mathrm{t},i} / \varSigma_{\mathrm{t,max}} \approx 0$，这时中子输运跟踪过程进行“拒绝抽样”时会出现大量“虚反应”，这一现象反而会导致 delta-tracking 跟踪效率降低[10]。为弥补这一缺陷，本章提出了基于改进的多区 delta-tracking 中子输运跟踪方法。

通过对传统单区 delta-tracking 方法分析，导致其效率降低的潜在因素在于，由于强中子吸收体（宏观总截面较大的材料）的存在，导致强中子吸收体$\Sigma_{t,max}$与其他材料的$\Sigma_{t,i}$相比量级大太多。为解决该问题，采用基于改进的多区 delta-tracking 方法，根据模型中各区域材料对中子的吸收特性，对整个模型进行区域分解，将模型划分为多个虚拟均匀化区域（子区域），在每个虚拟均匀化子区域里再采用单区 delta-tracking 方法跟踪。在进行区域划分时，直接利用构成模型的几何曲面进行划分，例如以燃料组件的边界面（见图 4-12）进行虚拟划分可得到多个子区域。此时，中子在不同子区域进行 delta-tracking 跟踪时，进行输运长度抽样及拒绝抽样时采用的$\Sigma_{t,max}$仅是当前虚拟均匀化子区域里包含材料的最大宏观总截面值，而每个子区域 delta-tracking 跟踪时采用的$\Sigma_{t,max}$互不相同且互不影响。

如图 4-12（a）所示模型为例，其包含 4 个燃料组件，假设整个模型包含 M 种材料，其中 1、2、3、4 号组件各包含 M_1、M_2、M_3、M_4 种材料。在进行 delta-tracking 中子输运跟踪时，利用式（4-7）进行输运长度抽样及拒绝抽样时，对传统单区 delta-tracking 跟踪（见图 4-12（b））。

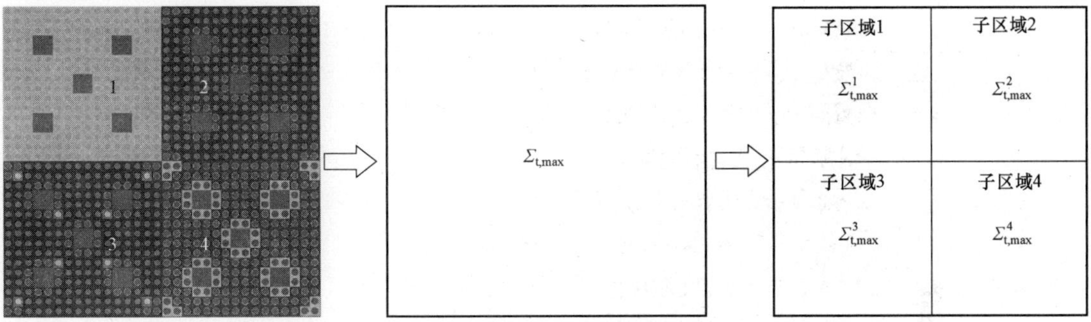

(a) 组件模型　　(b) 单区delta-tracking跟踪　　(c) 多区delta-tracking跟踪

图 4-12　基于改进多区 delta-tracking 中子输运跟踪方法

其最大宏观总截面为：

$$\Sigma_{t,max} = \max\{\Sigma_{t,max}^1, \Sigma_{t,max}^2, \Sigma_{t,max}^3, \Sigma_{t,max}^4\} \tag{4-32}$$

对基于改进的多区 delta-tracking 跟踪（图 4-12（c）），假设将整个模型以组件为单位划分为 4 个虚拟均匀化子区域进行中子输运跟踪，跟踪时各子区域的最大宏观总截面为：

$$\begin{cases} \Sigma_{t,max}^1 = \max\{\Sigma_{t,1}^1, \Sigma_{t,2}^1, \Sigma_{t,3}^1, \dots, \Sigma_{t,M_1}^1\} \\ \Sigma_{t,max}^2 = \max\{\Sigma_{t,1}^2, \Sigma_{t,2}^2, \Sigma_{t,3}^2, \dots, \Sigma_{t,M_2}^2\} \\ \Sigma_{t,max}^3 = \max\{\Sigma_{t,1}^3, \Sigma_{t,2}^3, \Sigma_{t,3}^3, \dots, \Sigma_{t,M_3}^3\} \\ \Sigma_{t,max}^4 = \max\{\Sigma_{t,1}^4, \Sigma_{t,2}^4, \Sigma_{t,3}^4, \dots, \Sigma_{t,M_4}^4\} \end{cases} \tag{4-33}$$

通过分析式（4-32）、式（4-33）可知，将单区改进为多区跟踪时，可以减小$\Sigma_{t,\ max}$与$\Sigma_{t,\ i}$之间的量级差异。因此，通过将传统 delta-tracking 方法的单区全局跟踪方式改进为基于多区的局部跟踪方式，可有效避免因某个或几个子区域存在强中子吸收体而导致其他区域中子输运跟踪效率降低的现象。

4.4.2 中子输运跟踪流程

基于改进多区 delta-tracking 方法的中子输运跟踪流程如图 4-13 所示，给出了中子完成 1 步随机游动过程的输运跟踪流程。

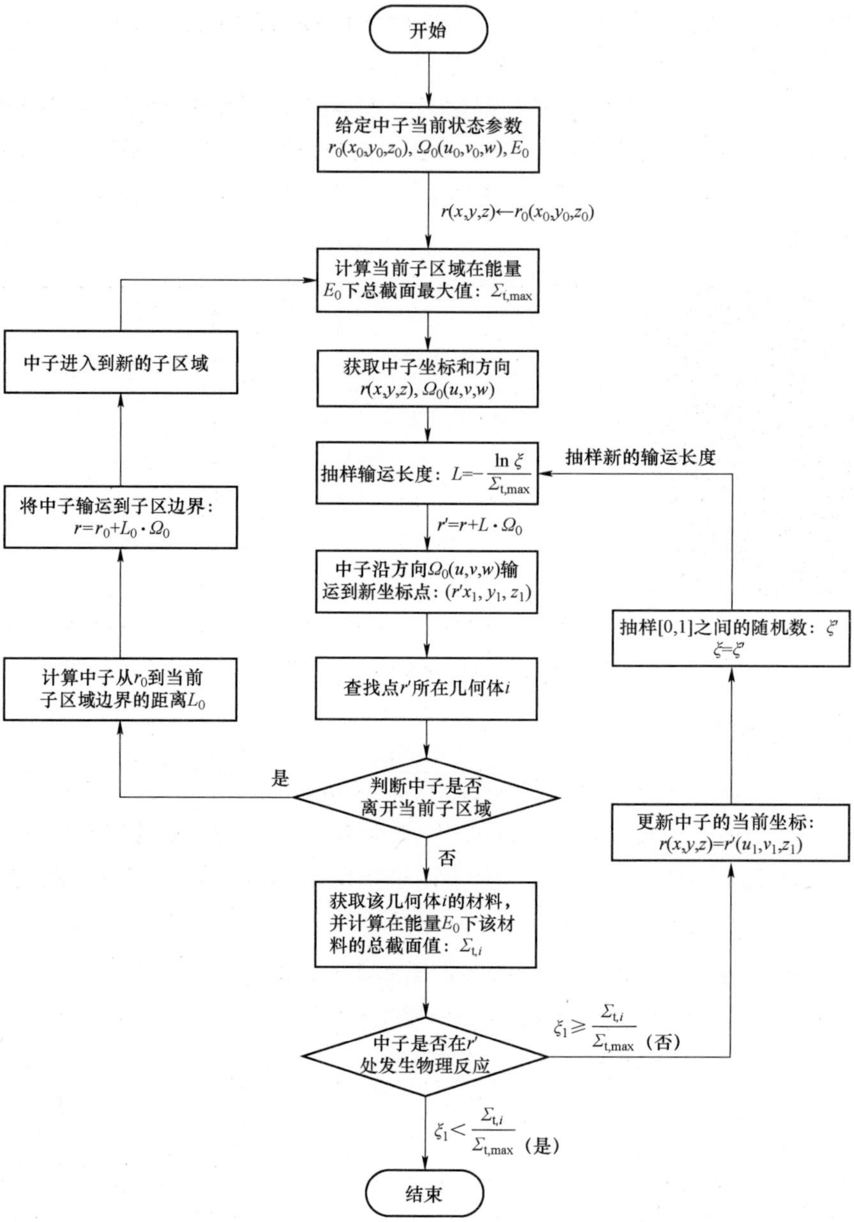

图 4-13　基于改进多区 delta-tracking 中子输运跟踪流程

4.4.3 数值分析

将改进多区 delta-tracking 中子输运跟踪方法在 NEAL 团队开发的多功能辐射输运模拟仿真平台 MOSRT 系统[11]中进行了程序实现。基于该方法开展数值验证时分为两个层面：为验证该方法及程序的正确性与有效性，从国际临界安全基准评价实验手册中选择 40 道基准题模型（多层介质几何模型）开展临界计算验证；为进一步验证方法对于复杂问题的适应性，选取 3 个全堆芯模型开展进一步临界计算验证，以证明方法对于复杂问题同样有效。其中，在 Windows 7 系统下采用单核 Intel Core i5－5200 的 2.20 GHz 处理器开展数值验证，临界计算条件为：共计算 3 000 个循环代，跳过 500 个非活跃代，每代 5 000 个中子，以计算得到的有效增殖因数（k_{eff}）作为正确性验证，以完成临界计算的计算时间作为效率提升的有效性验证。

1. 基准题模型临界验证

为了减小计算结果的统计涨落，保证计算的准确性，蒙特卡罗临界计算有效增殖因数（k_{eff}）时通常采用径迹长度估计、碰撞估计和吸收估计 3 种方法进行组合计算。然而，基于 delta-tracking 方法进行中子输运跟踪时，无法统计中子在每个材料区域单独的径迹长度，导致计算 k_{eff} 时无法采用径迹长度估计进行组合计算。因此，根据 k_{eff} 的物理定义，采用直接估计法（即新生一代的中子数目与其直属上一代的中子数目之比）代替传统蒙特卡罗程序中的径迹长度估计法，以保证 k_{eff} 计算的准确性。

国际临界安全基准评价实验手册（ICSBEP）[12]是由 OECD-NEA（Organization for Economic Cooperation and Development-Nuclear Energy Agency）组织编撰，用于校验临界计算方法和程序正确性的实验基准题库。为了验证方法的正确性，从手册中选取了 40 道基准题，其主要为多层球壳、圆柱几何及简单铀水棒栅等实验临界装置，且覆盖不同燃料富集度、燃料类型和中子能谱。其中，根据 ^{235}U 的富集度分成高富集度（Highly）、中等富集度（Intermediate）和低富集度铀（Low）；燃料类型包括金属燃料（Metal）和溶液燃料（Solution）；中子能谱包括快谱（Fast）和热谱（Thermal）。因此，40 道基准题根据铀富集度、燃料类型及中子能谱分成 4 个类型：① hmf 系列：高富集度、金属燃料、快谱基准题；② hst 系列：高富集度、溶液燃料、热谱基准题；③ imf 系列：中富集度、金属燃料、快谱基准题；④ lst 系列：低富集度、溶液燃料、热谱基准题。

图 4-14、图 4-15 给出了基于单区 delta-tracking 方法（SDT）和多区 delta-tracking 方法（MDT）的蒙特卡罗临界计算结果与传统中子输运跟踪方法（TTM）计算结果对比情况。整体而言，基于 delta-tracking 方法得到的临界计算结果与传统中子输运跟踪方法结果的最大相对误差约为 0.16%，符合较好，证明了 delta-tracking 中子输运跟踪方法的无偏性，且 k_{eff} 直接估计法的正确性。同时，改进多区 delta-tracking 方法与传统单区 delta-tracking 方法的临界计算结果符合一致，且在相同计算条件下，改进多区 delta-tracking 方法具有更好的收敛性，证明了通过方法的改进减小了“虚反应”对收敛性的影响。因此，通过临界实验基准题的计算验证，证明了改进方法的正确性和有效性。

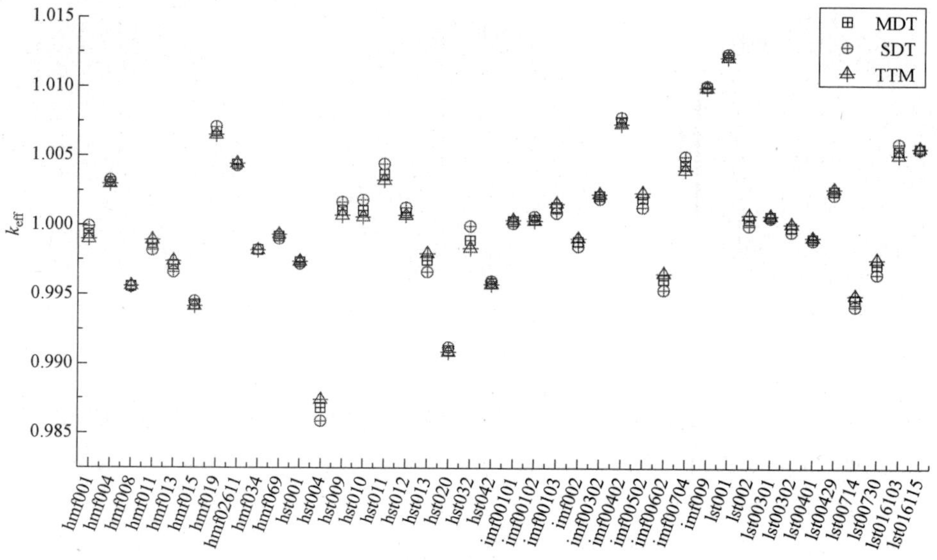

图 4-14　国际临界安全基准模型临界计算 k_{eff} 结果

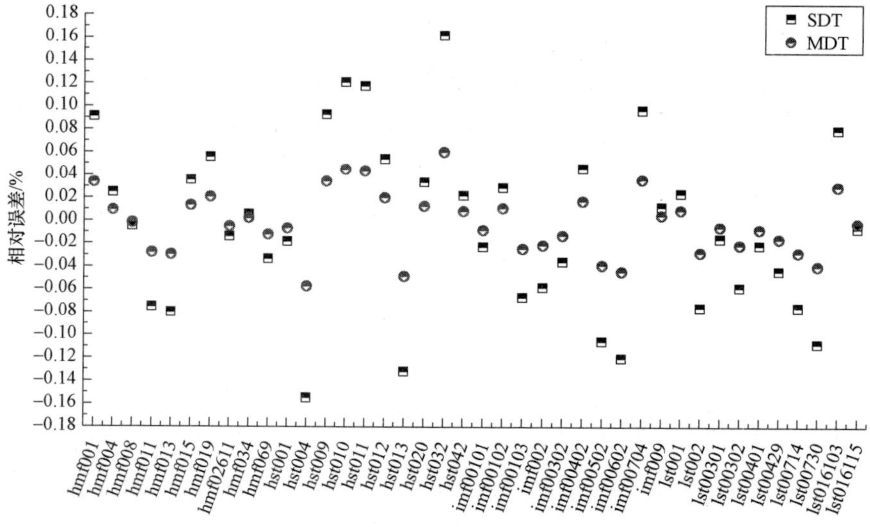

图 4-15　国际临界安全基准模临界计算 k_{eff} 误差

2. 全堆芯模型临界验证

为进一步验证方法及程序在复杂问题计算中的适应性，采用全堆芯模型对其进行正确性和有效性验证，采用 OPR、HM 和 BEAVRS 三个不同复杂度的全堆芯压水堆模型开展了蒙特卡罗临界计算验证。其中，OPR 模型[13]由 177 个 5 种不同富集度燃料组件组成，每个燃料组件为 16×16 的棒栅布置；HM 模型[14]由 241 个相同的燃料组件组成，每个燃料组件为 17×17 的棒栅布置；BEVARS 模型[15]由 193 个多种类型的燃料组件组成，每个燃料组件为 17×17 的棒栅布置。具体堆芯布置和结构组成如图 4-16 所示。

针对 3 个全堆芯模型进行了临界计算 k_{eff} 正确性验证[16]。表 4-2 列出采用 3 种中子输运跟踪方法得到的 k_{eff} 结果，并以 MCNP 程序计算结果作为基准校验。从表 4-2 可知，

（a）OPR 堆芯模型　　（b）HM 堆芯模型　　（c）BEAVRS 堆芯模型

图 4-16　全堆芯压水堆模型

基于 MDT 和 SDT 方法得到的 k_{eff} 结果与 TTM 方法结果的最大偏差分别为 15 pcm 和 47 pcm，说明 MDT、SDT 方法与 TTM 方法符合较好。同时以 MCNP 结果作为基准校验，MDT、SDT 和 TTM 三种方法得到的 k_{eff} 结果与 MCNP 结果的最大偏差分别为 18 pcm、46 pcm 和 33 pcm，且 3 种方法的计算结果均落在 MCNP 结果的标准差内，说明 3 种方法与 MCNP 程序符合一致。因此，数值结果证明了方法在复杂全堆芯模型实际应用中的正确性。

表 4-2　全堆芯压水堆模型临界计算正确性验证

模型	MDT 方法	SDT 方法	TTM 方法	MCNP
OPR	1.006 10（0.000 85）	1.005 95（0.001 05）	1.006 23（0.000 91）	1.006 24（0.000 82）
HM	1.001 28（0.000 59）	1.001 58（0.000 68）	1.001 16（0.000 57）	1.001 12（0.000 64）
BEAVRS	1.005 05（0.000 72）	1.005 37（0.000 84）	1.004 90（0.000 72）	1.005 23（0.000 68）

注：括号内数据为标准差（standard deviation）。

表 4-3 列出对 3 个全堆芯模型进行临界计算 k_{eff} 的有效性验证，以证明方法在处理复杂全堆芯模型时在中子输运跟踪效率提升方面的有效性[17]。从表 4-3 分析可知，MDT 方法的中子输运跟踪效率明显优于 TTM 方法和 SDT 方法，其对 3 个模型临界计算的平均加速比约为 1.4、1.5 和 1.6。因此，数值结果证明了方法在复杂全堆芯模型实际应用中的有效性。

表 4-3　全堆芯压水堆模型临界计算有效性验证

模型	方法	中子跟踪效率/（n/s）	总计算时间/s	跟踪加速比 1)	计算加速比 2)
	TTM	6 811	4.11×10^{3}	1.00	1.00
	SDT	8 823	3.21×10^{3}	1.30	1.28
OPR	MDT	9 973	2.87×10^{3}	1.46	1.43
	TTM	2 532	1.09×10^{4}	1.00	1.00
HM	SDT	3 429	8.38×10^{3}	1.35	1.30
	MDT	3 917	7.13×10^{3}	1.55	1.53
BEAVRS	TTM	2 322	1.20×10^{4}	1.00	1.00
	SDT	3 450	8.30×10^{3}	1.49	1.45
	MDT	3 833	7.41×10^{3}	1.65	1.62

注：1）当前中子输运跟踪方法与传统中子输运跟踪方法的中子跟踪效率之比值；

2）传统中子输运跟踪方法与当前中子输运跟踪方法的总计算时间之比值。

针对传统蒙特卡罗中子输运跟踪方法存在的效率降低问题，提出了改进多区delta-tracking中子输运跟踪方法以提高中子输运跟踪效率。本章对改进多区delta-tracking方法的原理及跟踪流程进行了详细阐述，并利用国际临界安全实验基准题和典型全堆芯压水堆模型开展了蒙特卡罗临界计算验证。数值结果表明，改进多区delta-tracking方法的临界计算结果与传统中子输运跟踪方法的计算结果符合一致，且中子输运跟踪效率得到明显提升，证明了方法的正确性和有效性。

参考文献

[1] 谢仲生. 核反应堆物理分析［M］. 西安：西安交通大学出版社，2004，7.

[2] E. Woodcock，T. Murphy，P. Hemmings，et al. Techniques Used in the GEM Code for Monte Carlo Neutronics Calculation in Reactor and Other System of Complex Geometry［R］. ANL－7050. Argonne National Laboratory.

[3] J.Leppanen. PSG/Serpent-A Continuous-energy Monte Carlo Reactor physics Burnup Calculation Code［R］. 2010.

[4] J. Leppanen. Development of a New Monte Carlo Reactor Physics Code［D］. Helsinki University of Technology （Espoo，Finland），2007，6.

[5] 宋婧，孙光耀，陈珍平，等. 蒙特卡罗有效增殖因子计算方法研究［J］. 核科学与工程，2014.

[6] J. Song，G. Sun and FDS Team. K-effective Calculation in SuperMC 2.0 and Benchmarking［C］. Transactions of American Nuclear Society，2013.

[7] J. Leppanen. Performance of Woodcock Delta-tracking in Lattice Physics Applications Using the Serpent Monte Carlo Reactor Physics Burnup Calculation Code［J］. Ann. Nucl. Energy，2010，37：715-722.

[8] Z. Chen，H. Zheng，G. Sun，et al. Preliminary Study on CAD-based Method of Characteristics for Neutron Transport Calculation［J］. Chinese Physics C，2014，38（5）：05882011-05882017.

[9] 陈珍平.蒙特卡罗粒子输运计算几何处理加速方法研究［D］. 中国科学技术大学，2015.

[10] COWAN P，DOBSON G，WRIGHT G A，et al. Recent developments to the Monte Carlo code MCBEND［J］. Journals，2009，168（3）：780-784.

[11] 陈珍平，谢金森，郭倩，等. 多功能辐射输运模拟仿真平台开发与初步应用［J］. 南华大学学报（自然科学版），2018，32（5）：12-18.

[12] Organization for Economic Cooperation and Development （OECD）. International handbook of evaluated criticality safety benchmarks［M］. Nuclear Energy Agency，2006.

[13] KIM K T，SUH J M. Development of an advanced PWR fuel for OPR1000s in Korea

[J]. Nuclear Engineering and Design，2008，238 （10）：606-2613.
[14] HOOGENBOOM J E，MARTIN W R，PETROVIC B. The Monte Carlo performance benchmark test-aims，specifications and first results [C]. International Conference on Mathematics and Computational Methods Applied to Nuclear Science and Engineering，RJ，Brazil，2011.
[15] HORELIK N，HERMAN B，FORGET B，et al. Benchmark for evaluation and validation of reactor simulations （BEAVRS），v1.0.1 [C]. International Conference on Mathematics and Computational Methods Applied to Nuclear Science and Engineering，Sun Valley，ID，2013.
[16] Zhenping Chen，JinsenXie，Qian Guo，et al. Study on neutron transport tracking using improved multi-regional delta-tracking method in Monte Carlo criticality calculation，Atom Energy Science and Technology，2019，53（2）：261-270.
[17] Qian Guo，Zhenping Chen. Multi-regional delta-tracking method for neutron transport tracking in Monte Carlo criticality calculation. sustainability，2018，10：2272.

第 5 章

减方差加速方法

在蒙特卡罗中子输运模拟计算中，为了获得可靠的计算结果，通常需要模拟足够多的中子样本数，以提高蒙特卡罗模拟结果的精度。随着计算机技术的蓬勃发展，高性能并行计算允许蒙特卡罗模拟更多的样本数，缩短计算时间。然而，只通过加大模拟样本数很难从本质上提高计算效率。特别对于一些大尺度复杂模型，仅仅依靠增加中子样本数也很难得到可以接受的结果，这也是蒙特卡罗方法发展的面临的主要问题，而这个问题可以通过减方差方法来解决。减方差方法是指在不增加中子样本数量的情况下，减少结果统计波动的各种方法与技巧。减方差方法的主要目标是提高计算精度，降低统计误差，进而提高中子输运模拟的效率（FOM 因子）。

5.1 蒙特卡罗方法的计数精度

5.1.1 方差和误差

在蒙特卡罗中子输运模拟方法中，计数结果是通过抽样并模拟大量中子样本历史过程贡献的平均值。假定 $P(x)$ 是选择一个随机过程的概率密度函数，x 是该过程产生的要估计的值，x_i 是从 $P(x)$ 中抽取的第 i 个中子历史的贡献，共抽样 N 个中子，则 x 的近似期望值为：

$$\overline{x} = \frac{1}{N}\sum_{i=1}^{N} x_i \tag{5-1}$$

$\overline{x}$ 就是蒙特卡罗中子输运模拟得到的物理量估计值。此时对于物理量 x，其方差 S^2 为：

$$S^2 = \frac{\sum_{i=1}^{N}(x_i - \overline{x})^2}{N-1} = \frac{1}{N}\sum_{i=1}^{N} x_i^2 - (\overline{x})^2 \tag{5-2}$$

对于 $\overline{x}$，其方差由下式估计：

$$S_{\overline{x}}^2 = \frac{1}{N-1} S^2 \tag{5-3}$$

可以看到，由于 $S_{\overline{x}}$ 与 $1/\sqrt{N}$ 成正比，在中子输运模拟过程中，为了将待计算物理量的方差减小一个数量级，则需要将中子样本数目增加 100 倍。当然，还可以固定中子样本数 N，通过方差 S^2 的减小来减小，即通过减小方差方法来实现。

在蒙特卡罗中子输运模拟中，对应每个计数物理量平均值$\bar{x}$，通常还需给出其相对误差R：

$$R=\frac{S_{\bar{x}}}{\bar{x}}=\left[\frac{1}{N}\left(\frac{\overline{x^2}}{\bar{x}^2}-1\right)\right]^{1/2}=\left[\frac{\sum_{i=1}^{N}x_i^2}{\left(\sum_{i=1}^{N}x_i\right)^2}-\frac{1}{N}\right]^{\frac{1}{2}} \tag{5-4}$$

5.1.2 计算效率

在蒙特卡罗中子数模拟中，通常用FOM（Figure of Merit）因子来反映蒙特卡罗方法的计算效率。其定义为$\text{FOM}=1/R^2T$，R是计数平均值的相对误差估计，T是计算时间。因为$R^2\propto 1/N$，$T\propto N$，故理想情况下FOM因子应为常数。

在蒙特卡罗中子输运模拟计算中，根据计算物理量平均值和计算时间可算出模拟一定中子样本数的FOM因子。FOM因子是一个很重要的统计参数，是计算结果可靠性的一个重要参考指标。对于一个好的中子输运模拟算法，模拟初期FOM有一定统计涨落，到模拟后期FOM将趋于某一固定值。在蒙特卡罗中子输运模拟过程中，只要FOM还随中子样本数的增加不断涨落，说明计算结果还不完全可靠，需要进一步模拟计算。

通常，影响FOM的因素有3方面[1]：中子历史对待计数物理量贡献的效率、非零记录的离散度和每个中子历史模拟所用的计算时间。其中，前两个因素影响R，后一个因素影响T。R可以分成两部分，即非零记录的效率部分R_{eff}^2和本身具有的离散度R_{int}^2，则$R^2=R_{\text{eff}}^2+R_{\text{int}}^2$。定义$f$为产生非零记录的那部分中子历史数目，则有：

$$R_{\text{eff}}^2=(1-f)/(fN) \tag{5-5}$$

$$R_{\text{int}}^2=\frac{\sum_{i=1}^{N}x_i}{\left(\sum_{i=1}^{N}x_i\right)^2}-\frac{1}{fN} \tag{5-6}$$

因此，可通过一种或多种减小方差的方法来抽样那些产生非零记录的中子，增加f值，减小R_{eff}^2和R。同时，中子权重也作相应的调整，使结果保持不变。而较小的f值则需模拟大量的中子来补偿，以取得精确的计算结果。

5.2 屏蔽计算减方差方法

实践与理论分析表明，采用直接模拟方法去求解中子输运问题总是低效的。事实上，对于小尺寸模型，蒙特卡罗直接模拟能够达到理想的效果，但对于实际应用中常常遇到的大型系统，必须使用减方差方法，以提高计算精度和计算效率。在中子模拟跟踪过程中，从源中子的产生，到输运过程中每一步中子状态参数的确定，以及中子历史的结束等各阶段，都可以引入经过修改的中子随机游动方案，采用新的概率分布，以降低估计量的方差，由此而引起的“偏倚”，可通过改变对应物理量的计数函数去加以修正，进而确保计算结果的无偏性。

针对蒙特卡罗中子输运模拟的减方差方法和技巧十分丰富，其可以分为 4 类，如表 5-1 所示，其中应用较广泛的有截断、隐俘获、权窗等。

表 5-1 蒙特卡罗减方差方法分类

类别	具体方法
截断方法	几何截断、时间截断、能量截断、权重截断
数量控制方法	轮盘度、分裂、隐俘获、权窗
偏倚抽样方法	指数变换、强迫碰撞、源偏倚
确定论方法	CADIS、FW-CADIS、MS-CADIS

5.2.1 截断方法

截断方法是最简单的减方差方法。截断方法通过截断部分对计数结果贡献不大的相空间以加速中子输运模拟过程。典型的截断方法有能量截断、时间截断和权重截断。

能量截断可以是单一的用户指定的、和问题相关的能量级别，也可以是依赖结构网格的能量级别。当中子的能量低于截断能量的时候，中子历史将被终结。能量截断将减少了每个中子历史的模拟时间。需要注意的是，只有当小于截断能量中子的重要性为零或者接近于零的时候才可以使用能量截断。

时间截断是由用户指定的问题范围内的时间值。中子的时间超过时间截断后将被终止模拟。时间截断将减少每个中子历史的模拟时间。时间截断相当于零存活率的俄罗斯轮盘赌游戏。

权重截断是指如果中子权重低于所设定的权重截止值，则中子将进行俄罗斯轮盘赌。若赌输，则中子历史被终止；若赌赢，则中子以新的较大的权重存活，并继续进行输运模拟。通过权重截断，可以避免对大量低权重无贡献中子进行输运模拟，进而避免浪费时间，提高计算效率。

5.2.2 数量控制方法

数量控制方法[2]是通过中子分裂和俄罗斯轮盘赌控制不同相空间中抽样的中子数。在重要的区域，模拟大量低权重的中子，在不重要区域，则模拟少量的高权重的中子，并且调整权重使得最终结果保持无偏。典型的数量控制方法有：几何分裂与轮盘赌、能量分裂与轮盘赌、时间分裂与轮盘赌、权截断、权窗等。

在权截断中，如果中子的权重低于用户指定的截断权重值，发生轮盘赌。中子或者被杀掉或者权重增加到用户指定的数值。权截断的首次提出是为了用于几何分裂/轮盘赌和隐俘获中。

1. 分裂与轮盘赌

分裂与轮盘赌[3]一般包括几何分裂与轮盘赌、能量分裂与轮盘赌、时间分裂与轮盘赌等方法。

分裂的基本原理如下：设$n>1$为一整数，令$g_i(\boldsymbol{P})=g(\boldsymbol{P})/n$，$(i=1,2,\cdots,n)$则泛函$I$可以写成：

$$I=\int_G \phi(\boldsymbol{P})g(\boldsymbol{P})\mathrm{d}(\boldsymbol{P})=\sum_{i=1}^{n} I_i \tag{5-7}$$

式中：

$$I_i=\int_G \phi(\boldsymbol{P})g_i(\boldsymbol{P})\mathrm{d}\boldsymbol{P},\quad i=1,2,\cdots,n \tag{5-8}$$

于是对I的计算，转化为n个I_i的求和计算，而每个$g_i(\boldsymbol{P})$为原来的记录函数$g(\boldsymbol{P})$的$1/n$，这就是分裂技巧。运用到中子输运模拟过程中，即把一个权重为w的中子分裂为n个权重为w/n的权同中子。

轮盘赌的基本原理如下：设p为赌赢概率，则$1-p$为赌输概率。令：

$$I_p=\int_G g(\boldsymbol{P})\phi(\boldsymbol{P})\mathrm{d}(\boldsymbol{P})/p=I/p \tag{5-9}$$

则有：

$$I=pI_p+(1-p)0 \tag{5-10}$$

于是I为一个两点分布的随机变量的期望值。

（1）几何分裂与轮盘赌

几何分裂与轮盘赌是蒙特卡罗中子输运模拟中使用最广泛的减方差方法之一，其与模型各个空间区域的重要性有关。当中子高重要性区域向低重要区域运动时，此时进行轮盘赌，若赌赢则中子权重变大，若赌输则中子权重置零，中子运动历史结束，进而避免浪费时间在这些中子模拟上；当中子从低重要性区域向高重要性区域运动时，此时中子将分裂成多个全同中子。在该方法中，中子分裂通常可以降低统计误差，但是会增加每个中子历史的时间，而轮盘赌会减少每个中子历史的时间，但会增加中子历史的统计误差。因此，通过合理利用该方法，可以提高计算精度和计算效率。其具体实现方法如下：

将问题几何系统划分为有限个互不相交的空间区域，对每个区域赋与重要性J_n。如果中子从第n个块输运进入到第$n+1$个块，相应区域的重要性也由J_n变为J_{n+1}。根据J_{n+1}/J_n的比值，进行如下操作：

1）当时$J_{n+1}/J_n>1$时，中子由低重要性空间区域进入高重要性空间区域，此时将中子进行分裂，产生$n=\mathrm{int}(J_{n+1}/J_n+\xi)$个权同中子，即每个中子的权重为分裂前中子权重的$1/n$。

2）当$J_{n+1}/J_n<1$时，中子由高重要性空间区域进入低重要性空间区域，此时中子进行轮盘赌；取$p=J_{n+1}/J_n$，抽随机数ξ，若$\xi<p$，则赌赢，中子权重变大为$w=w'/p$；反之若赌输，$w=0$，中子历史结束。

3）给定截断权重w_{cut}，当中子权重$w\leqslant w_{\mathrm{cut}}$时，进行轮盘赌，取$p=0.5$，抽随机数$\xi$，若$\xi<p$，则赌赢，$w=w'/p=2w'$；否则为赌输，$w=0$，中子历史结束。

在中子输运模拟过程中，通过分裂与轮盘赌来增加重要空间区域的中子轨迹，减少不重要空间区域的中子轨迹，并利用权重截断，杀死一些贡献较小的低权重中子，进而节省大量计算时间，提供蒙特卡罗模拟效率。

（2）能量分裂与轮盘赌

能量分裂与轮盘赌是指在一些能量区域上，中子相对重要一些，则进行中子分裂，产生 n 个权同中子，每个中子的权重降为 w/n；在一些能量区域上，中子不重要，为了提高计算效率，对这些中子进行轮盘赌，中子或者被杀死，或者权重变大继续进行输运模拟。能量分裂与轮盘赌与空间区域无关，如果问题具有空间–能量依赖性，通常配合空间–能量权窗方法进行使用。数值计算表明[4]，若方法使用得当，使用能量分裂与轮盘赌后，在模拟相同总中子数的情况下，与不使用该方法时相比，计算精度与计算效率都有所提高；在计算精度、统计误差相当的情况下，模拟的总中子数将有所减少，计算效率可以成倍提高。

2. 权窗

在蒙特卡罗中子输运模拟中，所有待统计物理量都与中子的权重有关。一般而言，模拟权重非常低的中子历史，对统计结果影响不大，但耗费计算时间；模拟权重过大的中子会导致计算结果的统计误差变大，降低计算的准确性；同时，由于蒙特卡罗计算中可能使用了各种偏倚抽样，无偏修正后的权重可能起伏较大，不利于减小方差。因此，在两者不能兼得的情况下，引入权窗方法，权窗的本质就是把中子权重变化限制在一定的范围内，进而在两者间达到一个平衡。事实上，权窗方法就是在中子相空间应用分裂和轮盘赌的方法，相空间可以是空间–能量、空间–时间或者空间，权重可分为空间–时间权重和空间–能量权重两种，分别依据不同的时间或者能量给出不同的权重参数。对于低权重中子则发生轮盘赌，使得模拟过程不会在权重无意义的中子上浪费时间；对于高权重中子，中子则发生分裂，有效避免高权重中子对计数的扰动。

如图 5-1 所示，权窗[2]的基本思想是蒙特卡罗模拟过程中，将中子的权重限制在一个固定的范围［w_L，w_U］内。以栅元权窗为例，对于系统的每一个相空间栅元权窗参数由三个输入参量组成，权窗上限值 w_U、下限值 w_L 和平均值 w_A，它们之间满足：$w_L < w_A < w_U$。为了给出权窗的上下限，通常以一个平均值 w_A 作为参考，以 τw_A 作为上限，以 w_A/τ 作为下限，τ 权窗上限参数，一般要求 $\tau \geqslant 2$，但不超过 4，平均值 w_A 可以是一个依赖于空间、时间、能量和方向的函数。实际应用中使用最多的是 w_A 只依赖于空间的情况。假定中子的权重为 w。

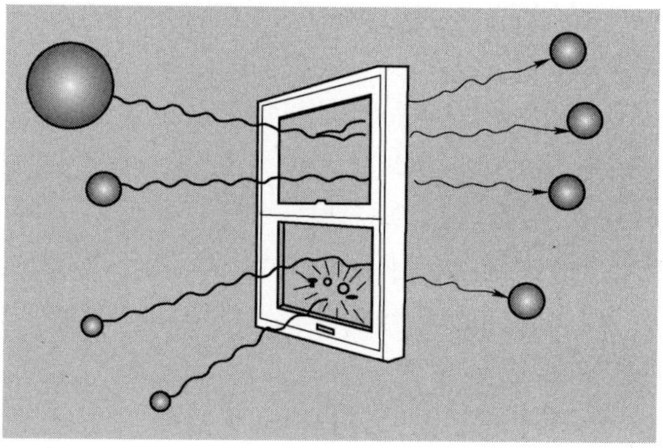

图 5-1　中子权窗示意图

1）当 $w < w_L$ 时，进行轮盘赌，$p = w / w_A$ 为赌赢概率。若赌赢，则中子以权重 $w = w_A$

存活；若赌输，则中子历史结束。

2）当 $w>w_U$ 时，进行分裂，一个权重为 w 的中子被分裂为 $n=\mathrm{int}(w/w_A+\xi)$ 个权重为 w/n 的全同中子。

3）当 $w_L<w<w_U$ 时，中子权重不发生任何变化。

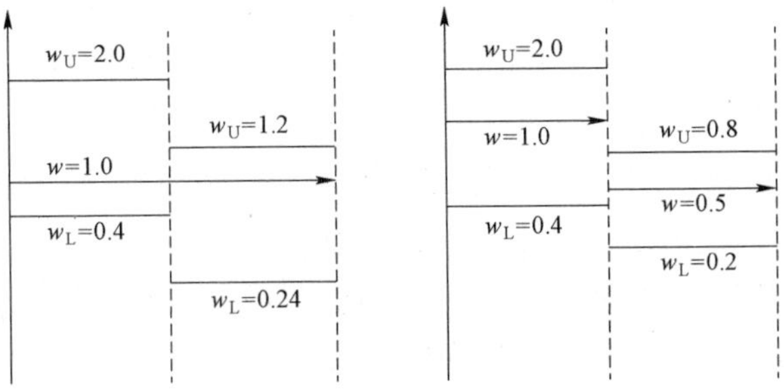

(a) $w_L<w<w_U$　　(b) $w_U<w$

图 5-2　权窗减方差方法示例

如图 5-2 为例[4]，权重为 $w=1$ 的中子从权重窗上限 2.0、权重窗下限为 0.4 的权重窗输运到权重窗上限为 1.2 和权重窗下限为 0.24 的权重窗时，由于中子的权重位于权重窗内，因此中子的数量和权重不会发生任何变化，不会发生轮盘赌和分裂。当中子输运到权重窗上限为 0.8、下限为 0.2 的权重窗时，中子权重大于权重窗上限，中子将发生分裂，分裂为 2 个权重为 0.5 的全同中子。

由于权窗方法对中子的权重进行了限制，该方法可以和隐俘获结合起来使用，以克服隐俘获导致的权重涨落过大的问题。当中子权重过大时，把该中子分裂成几个权重较小的中子，当中子权重过小时，对中子进行轮盘赌。一般而言，权窗方法可细分为栅元权窗和网格权窗，即中子在穿过栅元或网格时都可以被权重窗作用。一套针对具体问题的优质权重窗能使蒙特卡罗中子输运计算效率大大提升。

权窗方法与几何分裂与赌方法很相似，都使用了分裂和俄罗斯轮盘赌，因此权窗也可视为赌与分裂的一种推广。但两者还是有很多不同之处：

1）权窗具有空间–能量或者空间–时间依赖性，几何分裂只依赖于空间。

2）权窗在决定中子行为（分裂与赌）前会判断中子的权重，而几何分裂前不关心权重。

3）权窗基于中子的绝对权重进行，几何分裂基于表面两侧的重要性比值进行。

4）权窗可以几何表面、碰撞点或者既是表面又是碰撞点的地方适用，几何分裂只在几何表面处适用。

5）权窗通过要求栅元中的所有中子权重满足 $w_L<w<w_U$，可以控制由其他偏倚方法导致的权重涨落，几何分裂则只能维持权重涨落。

3. 隐俘获

在直接模拟（显式俘获）中，只有当中子在计数区域内被吸收，才会对统计结果有贡献，但是其不足之处在于，由于大量中子在输运过程中被俘获，使得中子在没有进入计数区就被过早终止。特别是在深穿透问题中，直接模拟计算很难得到理想结果。

隐俘获[5]是最简单和常用的减方差之一，又称加权法，它是对中子俘获的一种数学处理，本身没有物理意义。隐式俘获相对于显式俘获，当中子发生碰撞时，有一定概率 P（P 为吸收截面和总截面之比）被俘获，有 $1-P$ 的概率逃脱俘获。隐俘获认为每次发生碰撞时，中子总是发生散射（在没有达到中子权重截断的前提下），而不被吸收，不再根据吸收截面占总截面的大小按一定的概率结束中子的历史，而是以积存权的形式，把中子的权重分吸收权和散射权两部分：

$$w=(\varSigma_{\mathrm{a}}/\varSigma_{\mathrm{t}})w+(\varSigma_{\mathrm{s}}/\varSigma_{\mathrm{t}})w \tag{5-11}$$

当中子发生碰撞后，然后扣除吸收权重 $(\varSigma_{\mathrm{a}}/\varSigma_{\mathrm{t}})w$，中子以散射权重 $(\varSigma_{\mathrm{s}}/\varSigma_{\mathrm{t}})w$ 继续游动。也就是说，当权重为 w 的中子在（r，$\varOmega$，E）处发生碰撞时，把中子的权重改变为：

$$w \leftarrow \frac{\varSigma_{\mathrm{s}}(r,E)}{\varSigma_{\mathrm{t}}(r,E)}w \tag{5-12}$$

可以发现，通过扣权增加了单个中子历史的碰撞次数，延长中子游动链，增加了计数区的计数率，降低了统计误差。同时，隐俘获不仅对探测器计数有利，而且由于权重变化平缓，使得计数统计涨落较小，其方差小于直接模拟方法。隐俘获通常使得中子能够运动更长的距离，从而使得每个计数区获得更多信息。然而，隐俘获的缺点是会产生中子权重波动，可能会导致系统中子权重波动太大，这时方差主要由权重较大的中子决定，系统中大量权重很小的中子可能需要花费很长的计算时间。为了克服这一困难，隐俘获通常要和权窗结合起来使用，以截断一部分低权重中子，提高计算效率。

5.2.3 偏倚抽样方法

对任意一个随机事件，从任意的分布而不只是物理概率分布抽样是可能的，只需随后对中子权重和计数函数进行适当的偏倚即可。因此，在偏倚抽样方法中，抽样按照期望的分布进行，比如期望的相空间区域（时间、能量等）、或者改变碰撞类型的位置等。典型的偏倚抽样方法有：指数变换、强迫碰撞和源偏倚等。

1. 指数变换法

指数变换法[6]是通过人为地修改材料宏观截面，改变中子飞行自由程，来增加重要方向（期望方向）的中子轨迹，减少不重要方向的中子轨迹。修正的截面公式如下：

$$\varSigma_{\mathrm{t}}'=\varSigma_{\mathrm{t}}(1-p\mu) \tag{5-13}$$

其中：$\varSigma_{\mathrm{t}}'$ 为偏倚截面；$\varSigma_{\mathrm{t}}$ 为真实截面；p 为指数变换参数；μ 为期望方向与中子飞行方向的夹角余弦。进行偏倚后，中子自由程的概率分布密度函数为：

$$f(l)=\varSigma_{\mathrm{t}}'\mathrm{e}^{-\varSigma_{\mathrm{t}}'l}=\varSigma_{\mathrm{t}}(1-p\mu)\mathrm{e}^{-\varSigma_{\mathrm{t}}(1-p\mu)l} \tag{5-14}$$

为了保证中子在输运过程中的无偏性，当中子每次发生碰撞时，需要对中子权重进行纠偏，以保证中子在任何位置（例如 l 处）发生碰撞的概率保持无偏。此时需要满足以下条件：

$$\Sigma_{\mathrm{t}}\,\mathrm{e}^{\Sigma_{\mathrm{t}} l}\mathrm{d}l = w_1\,\Sigma_{\mathrm{t}}'\mathrm{e}^{-\Sigma_{\mathrm{t}}' l}\mathrm{d}l \tag{5-15}$$

纠偏因子 w_1 为：

$$w_1 = \frac{\Sigma_{\mathrm{t}}\,\mathrm{e}^{-\Sigma_{\mathrm{t}} l}}{\Sigma_{\mathrm{t}}'\mathrm{e}^{-\Sigma_{\mathrm{t}}' l}} = \frac{\mathrm{e}^{-p\Sigma_{\mathrm{t}}\mu l}}{1-p\mu} \tag{5-16}$$

此时，中子的输运模拟过程具有以下特点：

1）当时，中子飞行方向背离计数区域的期望方向，此时 $\Sigma_{\mathrm{t}}' > \Sigma_{\mathrm{t}}$，中子在该方向运动的自由程变短，背离期望方向的中子轨迹缩短。

2）当时，中子飞行方向朝向计数区域的期望方向，此时 $\Sigma_{\mathrm{t}}' < \Sigma_{\mathrm{t}}$，中子在该方向运行的自由程变长，朝向期望方向的中子轨迹延长，增大了到计数区的概率，进而提高了期望方向计算区域的计数效率和整体的蒙特卡罗模拟效率。

2. 强迫碰撞

强迫碰撞是一种在计数区域中强迫增加中子碰撞次数以达到减方差的方法。在中子输运模拟过程中，强迫碰撞将一个中子分成碰撞部分和未碰撞部分，对应中子的权重亦分为两部分。碰撞部分则继续在当前区域进行碰撞，未碰撞部分逃离当前区域。此时，将中子权重分解为两部分：

$$w = w\mathrm{e}^{-\Sigma_{\mathrm{t}} L} + w(1-\mathrm{e}^{-\Sigma_{\mathrm{t}} L}) \tag{5-17}$$

其中：w 为强迫碰撞前中子的权重；L 为中子从当前位置沿其飞行方向到当前计数区域边界的距离；Σ_{t} 为当前区域材料的宏观总截面，是 $\mathrm{e}^{-\Sigma_{\mathrm{t}} L}$ 中子逸出当前区域的概率；则 $1-\mathrm{e}^{-\Sigma_{\mathrm{t}} L}$ 是中子留在当前区域的概率。中子发生强迫碰撞以后，中子将以剩余权重 $w(1-\mathrm{e}^{-\Sigma_{\mathrm{t}} L})$ 继续留在当前区域进行游动。如图 5-3 所示。

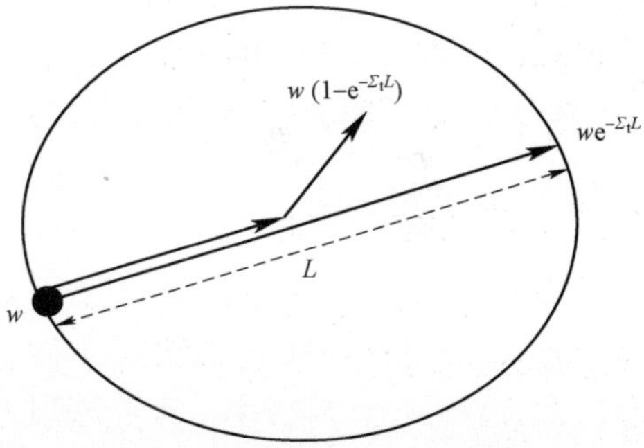

图 5-3　强迫碰撞下中子输运过程

如图 5-3 所示，此时剩余权重中子在当前区域继续进行输运模拟时，其自由程服从以下分布函数：

$$\tilde{f}(l) = \Sigma_{\mathrm{t}}\,\mathrm{e}^{-\Sigma_{\mathrm{t}} l} \big/ \left(1-\mathrm{e}^{-\Sigma_{\mathrm{t}} l}\right),\quad 0 < l < L \tag{5-18}$$

从 $\tilde{f}(l)$ 得到自由程 l 的抽样值：

$$l_{\mathrm{f}} = -\ln\left[1-\xi\left(1-\mathrm{e}^{-\Sigma_{\mathrm{t}} L}\right)\right] / \Sigma_{\mathrm{t}} \tag{5-19}$$

若把上面的过程理解为偏倚抽样，$\tilde{f}(l)$ 为偏倚函数，则在 $l \in (0, L)$ 内的纠偏因子为：

$$w(l) = f(l) / \tilde{f}(l) = 1-\exp(-\Sigma_{\mathrm{t}} L) \tag{5-20}$$

而 $w(l)$ 正好是剩余权重的修正因子。通过强迫碰撞，把中子人为地强迫其在计数区域发生碰撞，增加碰撞次数和计数率的贡献，并对中子权重进行纠偏，调整中子自由程抽样方法，进而降低方差。

强迫碰撞可以有效提高指定计数区域中子碰撞次数，以提高计数精度和效率。特别在深穿透屏蔽问题中，可以用增加计数区域中的中子碰撞，使感兴趣区域有更多的中子统计。同时，也可以通过减少中子在指定系统中的碰撞事件，减少因碰撞所带来的数目和能量的损失，使得中子输运到屏蔽层深处计数区域有较大的可能性。因此，强迫碰撞减方差方法通常用于较薄的介质系统中，但如果灵活的应用其非碰撞核输运的性质，该方法同样可以在厚介质深穿透中子输运中得到应用。

3. 源偏倚

对于部分实际工程应用中的中子输运模拟问题（例如中子测井），通常要在各向同性中子源模拟下，对某个特定方向的局部小区域进行中子计数，此时为了获得可接受的计算精度，通常需要模拟大量的中子样本。然而，实际上在各向同性中子源情况下，绝大部分源中子对最终计数区域是无贡献的，模拟这些源中子只会增加计算时间，导致源抽样效率和计算效率比较低。此时，我们可以通过源偏倚方法，设计高效率的源抽样，使得在不需要模拟太多中子样本的情况下，获得期望精度的计算结果。

源偏倚方法是一种通过对真实源分布按照中子能量或方向的偏倚分布进行抽样的方法。这种方法以牺牲源中子权重为代价，通过修改源中子的概率密度抽样函数而在感兴趣的方面获取更多的源中子。其中，最常用的就是源方向偏倚抽样方法。源方向偏倚抽样主要对源中子的发射方向进行偏倚，通过人为地改变中子的飞行方向，使中子尽可能朝感兴趣的方向或计数区域所在方向飞行，进而提高计数效率。同时，还可把方向偏倚应用在每次中子发生碰撞后，出射方向的确定上，但这涉及对碰撞核发生散射作用的中子角分布进行偏倚，其过程比较复杂，涉及较多的计算方法[5-6]。

5.2.4 确定论方法

理想情况下，利用减方差方法可以有效提高中子输运模拟计算精度和计算效率。然而，对于深穿透问题、点探测器问题、小概率计数等复杂问题，应用减方差方法在一定程度上可以提高计算效率，但是选取问题相关的减方差参数需要大量的经验和时间，而且并非所有减方差方法对所有问题都是通用的，则需要对问题相关的减方差参数进行反复试验、猜测、试算、验证等过程，因此设置合理有效的减方差参数是传统减方差方法面临的一个问题。为了获得可靠的减方差参数，可以结合确定论中子输运计算方法，利用确定论方法计算的结果为问题相关减方差参数的设置提供参考，典型的方法有CADIS、FW-CADIS、MS-CADIS 等方法。

1997 年，为了解决蒙特卡罗方法在反应堆屏蔽计算中的深穿透问题，Wagner 等人提出了一种基于确定论的一致共轭驱动重要性抽样（Consistent Adjoint Driven Importance Sampling，CADIS）方法[7]。该方法利用确定论中子输运计算方法（如离散纵标法，SN）得到共轭中子注量率，得到蒙特卡罗中子输运模拟的重要性参数（源偏倚和权窗），减少了用户产生问题相关减方差参数的时间和出错的机会，能够有效地降低深穿透问题的计数误差。该方法的主要不足之处在于共轭源空间分布采用平分布，因此只对局部计数区域有加速效果。为了弥补 CADIS 的不足，Wagner 等人于 2007 年提出了 FW-CADIS

方法，该方法能够在全局计数区域问题中获得良好的加速效果[8]。FW-CADIS 方法采用正向 SN 计算结果对共轭 SN 计算源项进行权重（或偏倚），根据共轭 SN 计算得到的中子注量率生成蒙特卡罗方法的源偏倚和权窗参数，然后在进行正向蒙特卡罗中子输运模拟计算。目前，CADIS、FW-CADIS 方法已在反应堆深穿透屏蔽计算中获得广泛应用，计算效率可以提高 2～4 个量级。

非裂变系统的线性无关玻耳兹曼中子共轭输运方程为[9-10]：

$$\begin{aligned}&-\Omega\cdot\nabla\varphi^*(r,E,\Omega)+\Sigma_{\mathrm{t}}(r,E)\varphi^*(r,E,\Omega)\\&-\iint\Sigma_{\mathrm{s}}(r,E\to E',\Omega\to\Omega')\mathrm{d}E'\mathrm{d}\Omega'=\Sigma_{\mathrm{d}}(r,E,\Omega)\end{aligned}\tag{5-21}$$

在中子输运计算中，某个特定响应量的计算可表示为：

$$R=\int_p\varphi(p)\Sigma_{\mathrm{d}}(p)\mathrm{d}p\qquad p\in(r,E,\Omega)\tag{5-22}$$

其中：$\varphi(p)$ 是相空间内 p 点的中子通量密度；$\Sigma_{\mathrm{d}}(p)$ 是响应函数。根据中子输运共轭理论有：

$$\langle\varphi^*,\boldsymbol{H}\varphi\rangle=\langle\varphi,\boldsymbol{H}^*\varphi^*\rangle\tag{5-23}$$

其中：$\boldsymbol{H}$ 是共轭算子；$\langle\rangle$ 则表示对相空间 p 进行积分。此时，响应量 R 可以重新表示为：

$$R=\int_p\varphi^*(p)S(p)\mathrm{d}p\tag{5-24}$$

因此，响应量的计算还可以经过共轭通量 $\varphi^*(p)$ 乘以源分布 $S(p)$ 后积分求得到。由此可见共轭通量 $\varphi^*(p)$ 表示的相空间中 p 点的中子对响应量 R 的预期贡献。在蒙特卡罗中子输运模拟时，传统方法是对源项真实概率分布密度函数进行抽样模拟。然而，可以找到另一个源项分布函数 $S^*(p)$ 来代替原本真实的的源函项分布数 $S(p)$，而采用 $S^*(p)$ 对源中子进行抽样能提高蒙特卡罗中子输运模拟的计算效率。为此，通过下式来构造新的源项分布函数 $S^*(p)$，得到：

$$R=\int_p\left[\frac{S(p)\varphi^*(p)}{S^*(p)}\right]S^*(p)\mathrm{d}p\tag{5-25}$$

其中：$S^*(p)$ 为：

$$S^*(p)=\frac{S(p)\varphi^*(p)}{\int_p S(p)\varphi^*(p)\,\mathrm{d}p}=\frac{S(p)\varphi^*(p)}{R}\tag{5-26}$$

由此可见，新源项分布函数 $S^*(p)$ 是根据真实源项分布函数 $S(p)$ 对响应量 R 的贡献度来进行抽样的。此时，采用偏倚后的源项分布函数抽样时，为了保证中子输运过程的无偏性，需要对源中子权重序进行修正：

$$W^*(p)=W(p)\frac{S(p)}{S^*(p)}=\frac{\int_p S(p)\varphi^*(p)\,\mathrm{d}p}{\varphi^*(p)}=\frac{R}{\varphi^*(p)}\tag{5-27}$$

因此，在实际问题应用中，可根据共轭 SN 方法计算得到的中子注量率 $\varphi^*(p)$ 生成蒙特卡罗方法的源偏倚和权窗参数。

$$S^*(p)=S(p)\varphi^*(p) \tag{5-28}$$

$$w_l=\frac{w^*}{\left(\frac{c_u+1}{2}\right)}=\frac{R}{\varphi^*(p)\left(\frac{c_u+1}{2}\right)} \tag{5-29}$$

其中：$S^*(p)$ 是新构造的源偏倚函数；w_l 是权窗下限；c_u 是权窗上下限比值。

在 CADIS 方法中，首先由计算速度快的确定论方法求解共轭输运方程，得到共轭中子通量密度，利用共轭通量指导蒙特卡罗模拟构建与问题相关的源偏倚和权窗参数。CADIS 方法保证了源偏倚和输运偏倚的一致性，使得源中子在产生后权重处于权窗之内，不会造成源中子的过度偏倚。一方面，源偏倚可以在重要的相空间内抽样产生更多的对响应量贡献较大的低权重源中子；同时，设置有效的权窗参数，根据空间或能量相关的重要性对中子进行分裂和赌，能够增加到达重要相空间的中子数目，进而提高蒙特卡罗中子输运模拟的计算精度和效率。

5.3 临界计算减方差方法

各种减方差方法在在屏蔽计算问题中取得了很好的效果。近年来，为了提高蒙特卡罗临界计算有效增殖因数的计算精度，临界计算中亦发展了一系列耦合确定论思想的减方差方法，主要包括零方差方法、变分降方差方法、CMFD 方法、泛函展开方法等。

5.3.1 零方差方法

Hoogenboom 提出采用零方差方法[11-12]用来降低有效增殖因子 k_{eff} 的方差。类比于屏蔽问题中，响应量的计算为：

$$R=\int_p \varphi(p)\Sigma_{\text{d}}(p)\text{d}p \tag{5-30}$$

零方差方法把响应函数作为伴随问题的源项，用较低的代价求得共轭方程的近似解，由此指导蒙特卡罗方法重要性抽样，以达到减方差的目的。在蒙特卡罗临界计算中，采用幂迭代方法计算有效增殖因子：

$$k_{\text{eff}}=\frac{\int_p Q^{(n+1)}(p)\,\text{d}p}{\int_p Q^{(n)}(p)\,\text{d}p} \tag{5-31}$$

在第 n 个循环代时，上式分母部分裂变源分布 $Q^{(n)}(p)$ 是已知的，分子部分可表示成与式（5-30）类似的形式：

$$R=\int Q^{(n+1)}(P)\text{d}P=\int\frac{1}{4\pi}\chi_f(E)\iint\frac{\nu\sigma_f}{\sigma_t}\psi_n(r,\Omega,E)\text{d}\Omega\text{d}E\text{d}V\int\frac{\nu\sigma_f}{\sigma_t}\psi(P)\,\text{d}P \tag{5-32}$$

然后就可以使用零方差方法计算有效增殖因子。

5.3.2 变分方法

采用变分减方差方法[11,13-14]也可以提高临界计算有效增殖因子 k_{eff} 计算精度，其基本思想如下：

中子输运特征值方程：

$$L\psi = \frac{1}{k}F\psi \tag{5-33}$$

定义两函数的内积为：

$$\langle \psi^*, \psi \rangle = \int_0^{\infty} \int_{s+} \int_V \psi^*(x, \Omega, E)\,\psi(x, \Omega, E), \mathrm{d}V\mathrm{d}\Omega\mathrm{d}E, \tag{5-34}$$

L 和 F 的伴随算子 L^*，F^*分别定义为 $\langle \psi^*, L\psi' \rangle = \langle L^*\psi^*, \psi' \rangle$ 和 $\langle \psi^*, F\psi' \rangle = \langle F^*\psi^*, \psi' \rangle$，中子输运共轭本征值方程为：

$$\mathscr{L}^*\psi^* = \frac{1}{k}\mathscr{F}^*\psi^* \tag{5-35}$$

式（5-33）两边乘以任意函数 g（r），对相空间进行积分得到：

$$\frac{1}{k} = \frac{\langle g, \mathscr{L}\psi \rangle}{\langle g, \mathscr{F}\psi \rangle} \tag{5-36}$$

式（5-36）中函数 g（r）取为常数 1，就是传统蒙特卡罗方法求解 k 的公式。当式（5-36）中 ψ 的误差是 O（ε）时，$1/k$ 的误差也是 O（ε），即：

$$\frac{\langle 1, \mathscr{L}\psi \rangle}{\langle 1, \mathscr{F}\psi \rangle} = \frac{1}{k} + O(\varepsilon) \tag{5-37}$$

变分降方差方法取不同的函数 g。假设 Ψ 为 ψ 的估计，具有误差 O（ε），Ψ^*为 ψ^*的估计，具有误差 O（ε'），可以证明：

$$\frac{\langle \psi^*, \mathscr{L}\psi \rangle}{\langle \psi^*, \mathscr{F}\psi \rangle} = \frac{1}{k} + O(\varepsilon) + O(\varepsilon') \tag{5-38}$$

于是，使用具有“一阶精度”的正向特征函数和共轭特征函数的估计，通过上式就得到的具有“二阶精度”的估计。如果用确定论方法计算共轭特征函数，用蒙特卡罗方法计算正向特征函数，进而使得该方法能够用较少的中子样本数求得更精确的有效增殖因数 k_{eff}。

5.3.3 泛函展开法

在临界计算中使用减方差的主要目的是提高有效增殖因数的计算精度。临界计算的另一个重要任务是要计算出收敛的裂变源分布。泛函展开计数法[11,15]可有效减少临界计算幂迭代过程中不同循环代的裂变源分布之间的相关性，进而提高临界计算精度。

泛函展开计数法的基本思想是把未知的计数量用一组正交函数基展开，通过蒙特卡罗模拟估计相应的展开系数。以一维问题计算（−1，1）区间的中子标通量的分布 ϕ（x）

为例，选取一组定义在区间上的完备正交基函数：

$$\phi_n,\ n=0,\ 1,\ 2,\ \cdots \tag{5-39}$$

由于中子标通量分布通常是比较光滑的，可以把（−1，1）区间上的标通量$\phi(x)$按给定的正交基展开成以下级数形式：

$$\phi(x)=\sum_{n=0}^{\infty}\overline{a}_n k_n \phi_n(x) \tag{5-40}$$

其中 k_n 为第 n 阶基的归一化系数：

$$k_n=\frac{1}{\|\phi_n\|^2} \tag{5-41}$$

$\overline{a}_n$ 为第 n 阶展开系数，定义为：

$$\overline{a}_n=\int_{-1}^{1}\phi(x)\phi_n(x)\mathrm{d}x \tag{5-42}$$

为了利用基函数展开式（5-39）近似计算（−1，1）区间上的标通量$\phi(x)$，只需要计算各阶展开系数，也就是积分式(5-42)。蒙特卡罗模拟中能够方便地计算出这些积分。传统的蒙特卡罗计数方法把（−1，1）区间分为若干个计数箱，直接统计穿过各个计数箱的径迹长度，显然只有当中子通过某个计数箱时才会对该计数箱的计数有贡献，当计数箱的尺寸相对于系统的尺寸很小时，计数效率很低，需要模拟大量的中子才能达到所需的精度。而采用泛函展开计数时，模拟的每个中子对需要统计计算的展开系数都有贡献，所以泛函展开计数能够提高计数效率。

5.3.4 均匀裂变源方法

基于蒙特卡罗方法进行大型堆芯的临界计算时，在区域分布量（如中子通量密度、功率分布等）的计算中，通常统计偏差较大。例如，在大型反应堆堆芯临界计算中，堆芯中心区域中子通量密度高，功率密度大，统计方差较小；堆芯外围区域中子通量密度低，功率密度小，统计方差则较大。这将导致两个问题：物理热工耦合计算中，方差在热工与物理计算中不断传递，方差大的区域计算难以收敛；方差较大会造成堆芯物理对称的区域统计量的绝对值不对称性程度加大[16]。为了减少分布量计算的方差，增加模拟中子数将带来巨大的计算代价，而且增加模拟中数对减小堆芯外围的方差来说效果较差。因此，通过采用均匀裂变源（UFS）方法[17]可以实现减小低功率区域的计算方差。

均匀裂变源的基本思想是，在低功率区域降低中子权重上界，使中子分裂更多，从而减小低功率区域的统计偏差。在中子的输运模拟过程中，一个权重为 w_{in} 的入射中子，因碰撞而产生的裂变中子数目为：

$$N=w_{in}\frac{\nu\Sigma_{\mathrm{f}}}{\Sigma_{\mathrm{t}}} \tag{5-43}$$

其中：ν 为平均裂变中子数；Σ_{f} 为宏观裂变中子截面；Σ_{t} 为宏观总截面。在均匀裂变源方法中，将所有包含裂变材料的区域分为若干个网格，统计每个网格占所有裂变区的体积比 V_k 及裂变源比 S_k，则基于均匀裂变方法得到的每次碰撞产生的裂变中子数为：

$$N' = N\frac{V_k}{S_k} \tag{5-44}$$

此时，为了保证中子输运模拟过程的无偏性，对中子的权重进行修正。同时，当 $V_k/S_k < 1$ 时，对中子进行俄罗斯轮盘赌，中子的存活概率即为 $P = V_k/S_k$；当 $V_k/S_k > 1$ 时，对中子进行分裂，将得到 $\lfloor V_k / S_k \rfloor + 1$ 个中子。均匀裂变方法并未改变每代裂变中子的总权重，但改变了源中子分布，使其分布趋于均匀，增加了低功率密度网格的源中子，同时也减少了高功率密度网格的源中子，总体上不会增加额外的计算时间，但可以减少临界计算统计方差。

5.3.5 真实估计法

蒙特卡罗临界计算的结果是通过持续模拟若干有效循环代，然后对每代给出的统计值进行平均而得到的。为了表征统计涨落引起的计算结果不确定性，还需要给出计算结果的方差。现有蒙特卡罗方法对计算结果方差的估计是以中心极限定理为基础的，该定理要求各样本之间相互独立。然而，蒙特卡罗临界计算中每个循环代都需要上一循环代提供裂变源分布，必将导致各循环代计算结果间存在相关性。因此，传统的临界计算方差估计方法将导致裂变源分布等物理量的不确定度被严重低估。

关于临界计算方差的真实估计目前国内外正在开展一些研究工作[18-19]，但是结果都不尽如人意，是蒙特卡罗临界计算中一个长期未解决的问题，仍须进一步发展有效且易于实现的真实方差估计方法。

参考文献

[1] 徐小三. Am-Be 中子源屏蔽体的蒙卡模拟与设计［D］. 兰州大学，2008.

[2] F. Brown. Fundamentals of Monte Carlo Particle Transport［R］. Los Alamos National Laboratory，LA-UR－05－4983，2005.

[3] 谢仲生，邓力.中子输运理论数值计算方法［M］. 西安：西北工业大学出版社，2005.

[4] 史涛. 蒙特卡罗中子输运问题中的减方差方法研究［D］. 中国工程物理研究院，2018.

[5] 许淑艳. 蒙特卡罗方法在实验核物理中的应用［M］. 原子能出版社，2006.

[6] 曹良志，谢仲生.近代核反应堆物理分析［M］. 北京：中国原子能出版社，2017.

[7] WagnerJ C. Acceleration of Monte Carlo shielding calculations with an automated variance reduction technique and parallel processing［R］. University Park，1997.

[8] Blakeman E D，Peplow D E，WagnerJ C，et al. PWR facility dose modeling using MCNP5 and the CADIS/ADVANTG variance-reductionmethodology［R］. ORNL/TM－2007/133，2007.

[9] 郑征，丁谦学，周岩. 基于共轭离散纵标的减方差方法[J]. 强激光与粒子束，2018，

30（2）：026004.
［10］郑华庆.蒙特卡罗中子输运模拟中减方差方法及其在先进反应堆中的应用［D］. 中国科学院核能安全技术研究所，2015.
［11］潘流俊，王瑞宏，江松，等.反应堆 Monte Carlo 临界计算加速收敛方法综述［J］. 中国科学：信息科学，2016，46（10）：1489-1509.
［12］Christoforou S，Hoogenboom J E. A zero-variance-based scheme for Monte Carlo criticality calculations［J］. Nuclear Science and Engineering，2011，167：91-104.
［13］Densmore J D，Larsen E W. Variational variance reduction for Monte Carlo eigenvalue and eigenfunction problems［J］. Nuclear Science and Engineering，2004，146：121-140.
［14］Densmore J D，Larsen E W. Variational variance reduction for particle transport eigenvalue calculations using Monte Carlo adjoint simulation［J］. Journal of Computational Physics，2003，192：387-405.
［15］Griesheimer D P，Martin W R，Holloway J P. Convergence properties of Monte Carlo functional expansion tallies［J］. Journal of Computational Physics，2006，211：129-153.
［16］吴屈，范潇，王刚，等. RMC 均匀裂变源方法及其在堆用蒙特卡罗计算不对称性问题中的应用［J］. 原子能科学技术，2017，7：1232-1238.
［17］Hunter J L，Sutton T M. A method for reducing the largest errors in Monte Carlo iterated-fission-source calculations［C］. Proceedings of the M&C，2013，Sun Valley，ID，USA.
［18］Shim H J，Choi S H，Kim C H. Real variance estimation by grouping histories in Monte Carlo eigenvalue calculations［J］. Nuclear Science and Engineering，2014，176：58-68.
［19］Mervin B T，Mosher S W，Wagner J C，et al. Uncertainty underprediction in Monte Carlo eigenvalue calculations［J］. Nuclear Science and Engineering，2013，173：276-292.

第 6 章

源收敛加速方法

6.1 蒙特卡罗临界计算

6.1.1 临界计算基本原理

临界计算的主要目的就是求解中子输运方程的本征值问题[1]：

$$\left[\hat{\Omega}\cdot\nabla+\Sigma_{\mathrm{T}}(\vec{r},E)\right]\Psi(\vec{r},E,\hat{\Omega})=\iint \mathrm{d}E'\mathrm{d}\hat{\Omega}'\Sigma_{\mathrm{S}}(\vec{r},E'\to E,\hat{\Omega}'\cdot\hat{\Omega})\Psi(\vec{r},E',\hat{\Omega}')+\frac{1}{k}\frac{\chi(E)}{4\pi}\iint \mathrm{d}E'\mathrm{d}\hat{\Omega}'\nu\Sigma_{\mathrm{F}}(\vec{r},E')\Psi(\vec{r},E',\hat{\Omega}') \tag{6-1}$$

定义输运算符 **L**、**T**、**S**、**F**、**M**，则有：

$$\mathbf{L}\Psi(\vec{r},E,\hat{\Omega})=\hat{\Omega}\cdot\nabla\Psi(\vec{r},E,\hat{\Omega}) \tag{6-2}$$

$$\mathbf{T}\Psi(\vec{r},E,\hat{\Omega})=\Sigma_{\mathrm{T}}(\vec{r},E)\Psi(\vec{r},E,\hat{\Omega}) \tag{6-3}$$

$$\mathbf{S}\Psi(\vec{r},E,\hat{\Omega})=\iint \mathrm{d}E'\mathrm{d}\hat{\Omega}'\Sigma_{\mathrm{S}}(\vec{r},E'\to E,\hat{\Omega}'\cdot\hat{\Omega})\Psi(\vec{r},E',\hat{\Omega}') \tag{6-4}$$

$$\mathbf{F}\Psi(\vec{r},E,\hat{\Omega})=\frac{\chi(E)}{4\pi}S(\vec{r})=\frac{\chi(E)}{4\pi}\iint \mathrm{d}E'\mathrm{d}\hat{\Omega}'\nu\Sigma_{\mathrm{F}}(\vec{r},E')\Psi(\vec{r},E',\hat{\Omega}') \tag{6-5}$$

其中: $S(\vec{r})$ 表示系统的裂变中子源分布，表示为：

$$S(\vec{r})=\iint \mathrm{d}E'\mathrm{d}\hat{\Omega}'\nu\Sigma_{\mathrm{F}}(\vec{r},E')\Psi(\vec{r},E',\hat{\Omega}') \tag{6-6}$$

此时，中子输运本征值方程变为：

$$\mathbf{M}\Psi=(\mathbf{L}+\mathbf{T}-\mathbf{S})\Psi=\frac{1}{k}\mathbf{F}\Psi \tag{6-7}$$

临界计算的主要利用“幂迭代法”对中子输运方程式（6-7）进行迭代求解。

在幂迭代法中，首先假设 $k^{(0)}$ 和初始裂变源分布 $S^{(0)}$ ：

$$S^{(0)}(\vec{r})=\iint \mathrm{d}E'\mathrm{d}\hat{\Omega}'\nu\Sigma_{\mathrm{F}}(\vec{r},E')\Psi^{(0)}(\vec{r},E',\hat{\Omega}') \tag{6-8}$$

求解方程：

$$\mathbf{M}\Psi^{(1)}(\vec{r},E,\hat{\Omega})=\frac{1}{k^{(0)}}\mathbf{F}\Psi^{(0)}(\vec{r},E,\hat{\Omega})=\frac{1}{k^{(0)}}\frac{\chi(E)}{4\pi}S^{(0)}(\vec{r}) \tag{6-9}$$

幂迭代法基本思想：利用式（6-9）求解可得到新的中子通量密度 $\Psi^{(1)}(\vec{r},E,\hat{\Omega})$，将其带入式（6-6）中可得到新的裂变源分布 $S^{(1)}$，利用 $S^{(0)}$ 和 $S^{(1)}$ 可求得新的特征值 $k^{(1)}$，再将

$k^{(1)}$ 和 $S^{(1)}$ 入式（6-9）右端，可求得新的中子通量密度 $\Psi^{(2)}(\vec{r},E,\hat{\Omega})$，以此类推。对于任意给定的第 n 次迭代：

$$\mathbf{M}\Psi^{(n)}(\vec{r},E,\hat{\Omega})=\frac{1}{k^{(n-1)}}\mathbf{F}\Psi^{(n-1)}=\frac{1}{k^{(n-1)}}\frac{\chi(E)}{4\pi}S^{(n-1)}(\vec{r}) \tag{6-10}$$

$$k^{(n)}=k^{(n-1)}\frac{\int S^{(n)}(\vec{r})\mathrm{d}\vec{r}}{\int S^{(n-1)}(\vec{r})\mathrm{d}\vec{r}} \tag{6-11}$$

在经过足够多的迭代次数之后，系统的裂变源分布 $S^{(n)}(\vec{r})$ 将趋向一个与 $S^{(0)}(\vec{r})$ 无关的分布，即裂变源收敛。

6.1.2 幂迭代方法的蒙特卡罗实现

对上述幂迭代法的求解步骤和计算流程，在基于蒙特卡罗方法进行临界计算时，整个计算过程由一系列称为“循环代”的迭代步骤组成，其具体计算流程如图 6-1 所示：

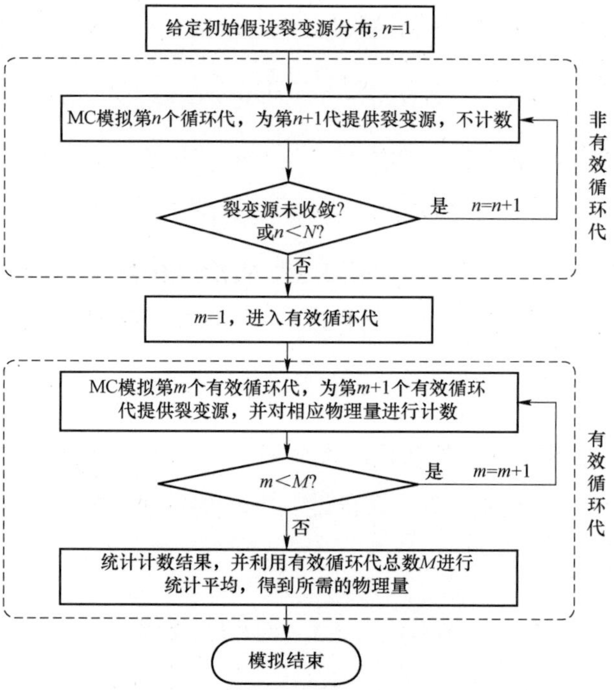

图 6-1 蒙特卡罗临界计算流程

1）给定系统初始裂变源分布。一般通过某种猜测或其他一些快速而精度不高的计算给出初始裂变源 $S^{(0)}(\boldsymbol{r})$。

2）开始一个中子循环代的模拟。对本代的源中子，依次进行中子输运模拟，直到中子被材料吸收、或从系统表面泄漏、或发生裂变反应为止；如果中子和裂变材料发生了裂变反应，需要存储产生的裂变中子信息，作为下一个循环代的源中子。首循环代的源中子由初始裂变源给出，其余循环代的源中子由上一循环代产生的裂变中子给出。

3）根据有效循环代的信息，进行有效增殖因子、中子通量密度等物理量统计。例如，将一个循环代内新产生的裂变中子总数除以直属上一代源中子总数即可得到当前代有效增殖因子（k_{eff}）的估计值。

蒙特卡罗临界计算采用幂迭代法进行数值模拟时，其初始裂变源一般通过假设或猜测给出，但系统最终的裂变源可通过一系列循环代的迭代而收敛，达到与初始假设无关的状态。通常将裂变源收敛之前的迭代称为非有效循环代（用 n 表示），收敛后的迭代称为有效循环代（用 m 表示）。由于蒙特卡罗方法存在统计误差，为了避免初始假设的裂变源对最终统计物理量造成较大统计涨落，必须在裂变源收敛之后利用有效循环代（总共 M 代）的相关信息进行本征值和中子通量密度等物理量的统计计算。其中，有效循环代总数 M 的确定依据是使得最终统计计算物理量的统计误差降低到某一小量（如100 pcm）即可。在蒙特卡罗临界计算方法中，在非有效循环代迭代过程中不进行计数（裂变源未收敛），只在有效循环代迭代过程中才进行统计计数（一般假设有效循环代的迭代过程中裂变源已达到收敛）。对于松散耦合核能系统，裂变源的收敛速度比较缓慢，如果蒙特卡罗临界计算过程中，裂变源还没有达到收敛就开始进行统计计数，这样得到的中子通量分布或有效增殖因子 k_{eff} 可能与实际真实值相差较多，导致结果偏差较大。因此，为了得到无偏的计算结果，在蒙特卡罗临界计算过程中，必须首先进行若干代非有效循环代的迭代计算，然后直到裂变源达到收敛之后才能进行统计计数，进而得到无偏的计算结果。

6.2 临界计算源收敛问题

基于幂迭代法进行蒙特卡罗临界计算时，为了保证计算精度，必须迭代足够多的循环代以保证裂变源分布达到收敛。然而，对于弱耦合或大型松散耦合系统（全堆芯模型），幂迭代方法的收敛速度通常较慢。如果初始源分布和真实的裂变源分布相差较大时，可能需要经过成千上万个循环代才能使裂变源分布达到收敛。同时，为了保证计算精度，每个循环代必须模拟足够多的中子样本。因此，由于这两方面因素，通常使得蒙特卡罗临界计算收敛较慢，即裂变源慢收敛问题。

为了说明和分析幂迭代法的收敛特性，根据式（6-1）时，把中子通量密度展开为式（6-1）所有特征函数 $\vec{u}_j$ 的级数之和形式：

$$\boldsymbol{\Psi} = \sum_{j}^{\infty} a_j \vec{u}_j = a_0\vec{u}_0 + a_1\vec{u}_1 + a_2\vec{u}_2 + \cdots \tag{6-12}$$

其中初始中子通量密度为：

$$\boldsymbol{\Psi}^{(0)} = \sum_{j}^{\infty} a_j^{(0)} \vec{u}_j = a_0^{(0)}\vec{u}_0 + a_1^{(0)}\vec{u}_1 + a_2^{(0)}\vec{u}_2 + \cdots \tag{6-13}$$

此时在幂迭代过程中，将会得到[2]：

$$\boldsymbol{\varPsi}^{(n)} = C\left[\vec{u}_0 + \left(\frac{a_1^{(0)}}{a_0^{(0)}}\right)\cdot\left(\frac{k_1}{k_0}\right)^n \vec{u}_1 + \cdots\right] \tag{6-14}$$

$$k^{(n)} = k_0\left[1 + \left(\frac{a_1^{(0)}}{a_0^{(0)}}\right)\cdot\left(\frac{k_1}{k_0}\right)^{n-1}\left(\frac{k_1}{k_0} - 1\right)G_1 + \cdots\right] \tag{6-15}$$

其中：C 和 G_1、G_2…是与迭代次数 n 无关的常数；k 是式（6-1）的特征值，其满足关系：$k_0 > k_1 > k_2 > k_3 \cdots$。因此，从上式可以看出，当 n 趋于无穷大时，$k^{(n)}$ 和 $\boldsymbol{\varPsi}^{(n)}$ 分别趋向于式（6-1）的基波特征值（有效增殖因子）和特征函数，但 $k^{(n)}$ 和 $\boldsymbol{\varPsi}^{(n)}$ 的收敛速率不一样，其收敛快慢主要由 k_1 / k_0（称为占优比，Dominance Ratio，DR）决定，且 $\boldsymbol{\varPsi}^{(n)}$ 收敛速度慢于 $k^{(n)}$ 的收敛速度，特别对于大型低泄漏反应堆、重水反应堆以及其他松散耦合系统，其占优比通常较大（DR≈1），导致临界计算收敛速度较慢。此时，即使 $k^{(n)}$ 已经收敛，但 $\boldsymbol{\varPsi}^{(n)}$ 未必满足收敛条件，系统的裂变源仍未达到收敛，此时对于局部物理参数（组件功率、棒功率等）的计算将带来较大误差。由于裂变源收敛速度较慢，但为了获得高保真局部物理参数结果，导致需要模拟大量的循环代，进而影响蒙特卡罗临界计算的效率。

6.3 源收敛加速方法

对于典型的反应堆堆芯大型松散耦合系统，系统的占优比通常很接近 1，传统的幂迭代方法往往需要经过大量的迭代才能使裂变源分布达到收敛。同时，为了保证计算精度，特别是局部物理量的高保真计算，为了保证裂变源达到收敛，蒙特卡罗模拟的每个循环代必须花费大量的计算时间跟踪足够多的中子样本，由此带来高昂的计算时间往往成为大尺度全堆芯蒙特卡罗临界计算的瓶颈之一。因此，发展源收敛加速方法对于提升蒙特卡罗临界计算效率具有重要意义。在蒙特卡罗临界计算裂变源收敛加速方法中，常见有维兰德（Wielandt）方法、超历史（Super history）方法、裂变矩阵（Fission matrix）方法等。

6.3.1 维兰德方法

维兰德（Wielandt）方法最早应用于确定论中子输运计算的迭代收敛加速。该方法已在实际的确定论中子输运计算加速中获得了较好应用和加速效果。维兰德方法的基本思想[3-5]是在中子输运本征值方程（6-7）中增加一个修正因子 k_e，得到维兰德方程：

$$\tilde{\mathbf{M}}\varPsi = \left(\mathbf{L} + \mathbf{T} - \mathbf{S} - \frac{1}{k_{\mathrm{e}}}\mathbf{F}\right)\varPsi = \frac{1}{\tilde{k}}\mathbf{F}\varPsi \tag{6-16}$$

此时，式（6-16）的本征值为：

$$\tilde{k} = \left(\frac{1}{k} - \frac{1}{k_{\mathrm{e}}}\right)^{-1} \tag{6-17}$$

中子输运方程（6-7）的本征值为：

$$k=\left(\frac{1}{\tilde{k}}+\frac{1}{k_{\mathrm{e}}}\right)^{-1} \tag{6-18}$$

在选择修正因子 k_{e} 时，必须保证 $k_{\mathrm{e}}>k_{\mathrm{eff}}$，且在每个循环代中子模拟时保持不变，但不同代之间可以根据收敛情况进行自适应调整，但由于本身系统的 k_{eff} 在模拟计算之前未知，初始 k_{e} 通常可以假设一个较大值（如 $k_{\mathrm{e}}=5$），然后在模拟过程中根据前若干代计算得到的 k_{eff} 再对 k_{e} 进行调整。

此时，基于幂迭代法对维兰德方程进行迭代求解：

$$\tilde{\mathbf{M}}\Psi^{(n)}=\left(\mathbf{L}+\mathbf{T}-\mathbf{S}-\frac{1}{k_{\mathrm{e}}}\mathbf{F}\right)\Psi^{(n)}=\frac{1}{\tilde{k}^{(n)}}\mathbf{F}\Psi^{(n-1)} \tag{6-19}$$

对于第 n 次迭代，则有：

$$\boldsymbol{\Psi}^{(n)}=C\left[\vec{u}_0+\left(\frac{a_1^{(0)}}{a_0^{(0)}}\right)\cdot\left(\frac{k_{\mathrm{e}}-k_0}{k_{\mathrm{e}}-k_1}\frac{k_1}{k_0}\right)^n\vec{u}_1+\cdots\right] \tag{6-20}$$

$$k^{(n)}=k_0\left[1+\left(\frac{a_1^{(0)}}{a_0^{(0)}}\right)\cdot\left(\frac{k_{\mathrm{e}}-k_0}{k_{\mathrm{e}}-k_1}\frac{k_1}{k_0}\right)^{n-1}\cdot\left(\frac{k_{\mathrm{e}}-k_0}{k_{\mathrm{e}}-k_1}\frac{k_1}{k_0}-1\right)G_1+\cdots\right] \tag{6-21}$$

可以看到，由于 $k_{\mathrm{e}}>k_0>k_1>k_2>k_3\cdots$，维兰德方程（6-12）的占优比明显小于中子输运本征值方程（6-7）的占优比。因此，采用维兰德加速方法后，临界计算过程将比标准幂迭代方法具有更快的收敛特性。

$$DR=\frac{k_{\mathrm{e}}-k_0}{k_{\mathrm{e}}-k_1}\frac{k_1}{k_0}<\frac{k_1}{k_0} \tag{6-22}$$

为了将维兰德方法在蒙特卡罗临界计算中子输运模拟过程中进行实现，需要对每次裂变反应产生的裂变中子数目进行修正。在传统的幂迭代方法中，当一个权重为 w 的中子发生裂变反应时，预期产生的裂变中子数目为：

$$n_{\mathrm{f}}=\left\lfloor w\frac{v\sigma_{\mathrm{f}}}{\sigma_{\mathrm{t}}}\cdot\frac{1}{k^{(n)}}+\xi\right\rfloor \tag{6-23}$$

其中：ξ 是（0，1）内的随机数。在基于维兰德方法进行幂迭代计算时，将会对裂变中子数目 n_{f} 进行修正，同时将抽样一定量的裂变中子继续在本代跟踪模拟。此时，抽样的裂变中子数目 n_{f} 和继续在本代跟踪的裂变中子数目 n_{e} 为：

$$n_{\mathrm{f}}=\left\lfloor w\frac{v\sigma_{\mathrm{f}}}{\sigma_{\mathrm{t}}}\cdot\left(\frac{1}{k^{(n)}}-\frac{1}{k_{\mathrm{e}}}\right)+\xi\right\rfloor \tag{6-24}$$

$$n_{\mathrm{e}}=\left\lfloor w\frac{v\sigma_{\mathrm{f}}}{\sigma_{\mathrm{t}}}\cdot\frac{1}{k_{\mathrm{e}}}+\xi\right\rfloor \tag{6-25}$$

此时，将 n_{f} 个裂变中子作为源中子在下一代进行输运模拟，而将 n_{e} 个裂变中子则继续在本代进行输运模拟，直到历史结束。可以发现，采用维兰德方法，可以减少达到收敛所需的迭代步数，使裂变源具有更快的收敛速率，但由于增加了每代模拟的中子数目，会增加每代模拟的裂变链长和每代需要的模拟时间，从而并不一定能够减少总的模拟时间。但是，维兰德方法增加了一个循环代中每个中子的影响范围，特别对于一些弱耦合系统，如果使用得当，可以有效防止假收敛问题，降低计算结果的统计误差。

6.3.2 超历史方法

在蒙特卡罗临界计算中，传统幂迭代方法每个循环只跟踪中子的一代历史，即当本代中子发生裂变时，抽样并保存新产生的裂变中子作为下一代中子源，并终止发生裂变反应中子的历史。每个循环代中，中子初始状态是从上一循环代保存的裂变中子抽样得到。超历史方法的基本思想[6-7]就是减少这种抽样次数，在每个循环输运模拟中子的若干代历史（假设 L 代），并把这样的中子历史称作“超历史”，把这样的一个循环（共 L 代）称作“超代”。在超历史方法中，基于中子输运本征值方程（6-7），则有：

$$\Psi^{(n)} = \frac{1}{\tilde{k}^{(n-1)}} \tilde{\mathbf{F}} \Psi^{(n-1)} \tag{6-26}$$

其中：$\tilde{\mathbf{F}} = (\mathbf{M}^{-1}\mathbf{F})^L$；$\tilde{k}^{(n-1)} = (k^{(n-1)})^L$。

具体模拟过程如下：① 中子出发（从上一个超代保存的裂变中子中抽取）后对该中子进行输运模拟，直到泄漏出系统或被吸收；② 当中子被吸收时，可能会产生裂变中子，抽样裂变中子；③ 如果是第 L 代裂变中子，则保存起来作为下一个超代的中子源，否则继续跟踪模拟产生的裂变中子的历史；④ 计算有效增殖因子，超代中各代累计产生的中子之和除以各代出发的中子数之和就是在一个超代中有效增殖因子的一个估计值。在传统幂迭代方法中，循环代之间的中子源的频繁抽样会损失精度，而超历史方法减少了这种抽样次数，可以使用较小的样本量达到所需的效果，从而减少了计算时间。

6.3.3 裂变矩阵方法

1. 裂变矩阵

裂变矩阵概念最早 1969 年由 Carter 和 McCormick 等人[8]提出，近年来，随着计算能力的快速发展，裂变矩阵已成为蒙特卡罗临界计算中的重要分析方法和辅助手段。针对中子输运方程式（6-7），定义中子输运问题的格林函数（Green's Function）[9-10]：

$$\mathbf{M} \cdot \mathrm{G}(\vec{r}_0, E_0, \hat{\Omega}_0 \to \vec{r}, E, \hat{\Omega}) = \delta(\vec{r} - \vec{r}_0)\delta(E - E_0)\delta(\hat{\Omega} - \hat{\Omega}_0) \tag{6-27}$$

其中：下标 0 表示初始裂变源分布；δ 为 Dirac 函数，可得到：

$$\Psi(\vec{r}, E, \hat{\Omega}) = \frac{1}{k} \iiint \mathrm{d}\vec{r}_0 \mathrm{d}E_0 \mathrm{d}\hat{\Omega}_0 \frac{\chi(E_0)}{4\pi} S(\vec{r}_0) \mathrm{G}(\vec{r}_0, E_0, \hat{\Omega}_0 \to \vec{r}, E, \hat{\Omega}) \tag{6-28}$$

此时，式（6-27）是 k 本征值问题的 Peierls 方程，对式（6-27）两边同时乘以因子 $\nu\Sigma_{\mathrm{F}}(\vec{r}, E)$，并对等式两边的能量 E 和角度变量 $\hat{\Omega}$ 进行积分，可得到系统的裂变源分布为：

$$S(\vec{r})=\frac{1}{k}\int \mathrm{d}\vec{r}_0 S(\vec{r}_0)H(\vec{r}_0\to\vec{r}) \tag{6-29}$$

其中，$H(\vec{r}_0\to\vec{r})$ 表示对能量-角度平均的格林函数：

$$H(\vec{r}_0\to\vec{r})=\iint \mathrm{d}E\mathrm{d}\hat{\Omega}\iint \mathrm{d}E_0\mathrm{d}\hat{\Omega}_0 \nu\Sigma_{\mathrm{F}}(\vec{r},E)\frac{\chi(E_0)}{4\pi}\mathrm{G}(\vec{r}_0,E_0,\hat{\Omega}_0\to\vec{r},E,\hat{\Omega}) \tag{6-30}$$

假设将系统模型空间离散成 N 个互不重叠且完全覆盖裂变材料的网格区域，根据式（6-29）和式（6-30），对任意给定的网格 I（对应空间区域为 $\vec{r}\in V_I$）和网格 J（对应空间区域为 $\vec{r}_0\in V_J$），则网格 I 的裂变源可利用如下式（6-31）近似计算：

$$S_I=\frac{1}{k}\sum_{J=1}^{N}H_{I,J}S_J \tag{6-31}$$

其中，$H_{I,J}$ 可表示为：

$$H_{I,J}=\frac{\int_{\vec{r}\in V_I}\mathrm{d}\vec{r}\int_{\vec{r}_0\in V_J}S(\vec{r}_0)H(\vec{r}_0\to\vec{r})\mathrm{d}\vec{r}_0}{\int_{\vec{r}_0\in V_J}S(\vec{r}_0)\mathrm{d}\vec{r}_0} \tag{6-32}$$

S_J 为网格区域 J 内的裂变中子数，表示为：

$$S_J=\int_{\vec{r}_0\in V_J}S(\vec{r}_0)\mathrm{d}\vec{r}_0 \tag{6-33}$$

因此，式（6-31）可表示成如下“矩阵-向量”的乘积形式，故中子输运本征值方程（6-7）式便转换为如下等价特征值方程：

$$\boldsymbol{H}^{N\times N}\boldsymbol{S}=k\boldsymbol{S} \tag{6-34}$$

其中：上式中 $\boldsymbol{H}$ 为 $N\times N$ 阶矩阵，称为裂变矩阵；矩阵中的元素 $H_{I,J}$ 的含义为：网格 J 中的一个中子在网格 I 中引起的平均裂变中子数；向量 $\boldsymbol{S}$ 为 N 维向量，其中第 J 个元素 S_J 表示网格 J 内的裂变中子数目。求解式（6-30）得到的最大本征值即为系统的有效增殖因数 k_{eff}。

由于蒙特卡罗方法在中子跟踪过程中的独特优势（详细地模拟一个中子在系统空间内的输运行为），进行蒙特卡罗临界计算时很容易计算并得到裂变矩阵 $\boldsymbol{H}$。在蒙特卡罗临界计算时，通过给各个网格区域内的中子打上标记，然后在其输运过程中进行计算，便可得到裂变矩阵。例如，当一个裂变中子从源点出发时，记录它所在的网格为 J；然后中子在系统空间进行输运，直到该中子与系统物质相互作用发生裂变反应，并生成一定数量的新的裂变中子，并记录发生裂变反应时中子所在的网格为 I，然后把新产生的裂变中子数累加到裂变矩阵的第 $H_{I,J}$ 个元素中；输运完成之后，将裂变矩阵的元素 $H_{I,J}$ 除以第 J 个网格内的裂变源的总强度；依次类推，可以得到裂变矩阵的任意一个元素 $H_{I,J}(\forall I,\forall J)$，进而可方便地得到每个循环代的裂变矩阵。

2. 裂变矩阵加速方法

为了利用裂变矩阵对蒙特卡罗临界计算裂变源分布的收敛进行加速，减少非有效循环代的模拟代数，Carter 和 McCormick 等人采用“代裂变矩阵”对幂迭代过程进行加速。因此，在临界计算幂迭代的每一个循环代，计算一个“代裂变矩阵”：

$$H_{I,J}^{(n)}=\frac{\int_{\vec{r}\in V_I}\mathrm{d}\vec{r}\int_{\vec{r}_0\in V_J}S(\vec{r}_0)_{MC}^{(n-1)}H(\vec{r}_0\to\vec{r})\mathrm{d}\vec{r}_0}{\int_{\vec{r}_0\in V_J}S(\vec{r}_0)_{MC}^{(n-1)}\mathrm{d}\vec{r}_0} \tag{6-35}$$

其中：$S(\vec{r}_0)_{MC}^{(n-1)}$ 为蒙特卡罗模拟第 $n-1$ 个循环代得到的裂变源分布。利用代裂变矩阵的主特征向量对每个网格当前循环代为下一循环代产生的裂变中子源的权重 w 进行调整，其权重调整方法如下：

$$w\leftarrow\frac{(S_{FM}^{(n)})_J}{(S_{FM}^{(n-1)})_J}\cdot w \tag{6-36}$$

其中，$S_{FM}^{(n)}$ 为代裂变矩阵 $\boldsymbol{H}^{(n)}$的主特征向量。

Kadotani 等[11]建议使用另一种权重调整方法，假设一个裂变中子源在网格 J 中产生，其权重调整如下：

$$w\leftarrow\frac{(S_{FM}^{(n)})_J}{(S_{MC}^{(n)})_J}\cdot w \tag{6-37}$$

其中：$S_{FM}^{(n)}$ 为代裂变矩阵 $\boldsymbol{H}^{(n)}$的主特征向量；而 $S_{MC}^{(n)}$ 特卡罗模拟过程中计算得到的向量，它的第 J 个元素代表蒙特卡罗模拟过程中统计得到的第 J 个区域中的裂变源强占总裂变源强的比值。

Kitada 和 Takeda[12]用以上方法模拟了大型反应堆，发现计算“代裂变矩阵”的主特征向量 $S_{FM}^{(n)}$ 时很不稳定，采用多代的“累计裂变矩阵”来修正不稳定性，并建议在有效循环代开始之前立即停止调整裂变中子源的权重。

$$H_{I,J}^{(n)}=\frac{\sum_{k=1}^{n}\int_{\vec{r}\in V_I}\mathrm{d}\vec{r}\int_{\vec{r}_0\in V_J}S(\vec{r}_0)_{MC}^{(k-1)}H(\vec{r}_0\to\vec{r})\mathrm{d}\vec{r}_0}{\sum_{k=1}^{n}\int_{\vec{r}_0\in V_J}S(\vec{r}_0)_{MC}^{(k-1)}\mathrm{d}\vec{r}_0} \tag{6-38}$$

裂变矩阵加速方法在很多实际问题应用中都显示出了明显的加速效果。然而，该方法对裂变矩阵的统计误差很敏感，当样本数不足够大时，统计误差的存在会导致这种方法很不稳定。研究发现，这种不稳定性主要来源于在求解裂变矩阵的主特征向量时，裂变矩阵各元素的统计误差会被严重放大。如果在蒙特卡罗模拟中使用代裂变矩阵的主特征向量 $S_{FM}^{(n)}$ 对裂变源分布进行修正，当蒙特卡罗统计得到的 $S_{MC}^{(n)}$ 接近真实分布时，统计误差有可能使得 $S_{FM}^{(n)}$ 与 $S_{MC}^{(n)}$ 差异较大，这种修正将反而使得裂变源分布远离真实分布。

为了抑制这种不稳定性，可采用内迭代限制法和权重修正因子限制法。内迭代限制法[13]主要通过寻找新的向量来修正裂变源分布，进而抑制和缓解这种不稳定性。此时，中子权重的调整方法为：

$$w\leftarrow\frac{(S_{FM,K}^{(n)})_J}{(S_{MC}^{(n)})_J}\cdot w \tag{6-39}$$

其中：$S_{FM,K}^{(n)}$ 是对裂变矩阵 $\boldsymbol{H}^{(n)}$采用幂迭代法迭代 K 步后得到的向量；当 K 足够大时，其将收敛于裂变矩阵的主特征向量。

权重修正因子限制法[14]主要是通过选择一个接近于 1 的限制因子 $l_J^{(n)}$，防止由于裂变矩阵统计误差导致的对中子权重过度修正。通过引入限制因子，使得修正后的裂变源与真实分布不会相差较远。此时，中子权重的调整方法如下：

$$w \leftarrow \begin{cases} \dfrac{(S_{FM}^{(n)})_J}{(S_{MC}^{(n)})_J} \cdot w, & l_J^{(n)} < \dfrac{(S_{FM}^{(n)})_J}{(S_{MC}^{(n)})_J} < \dfrac{1}{l_J^{(n)}} \\ l_J^{(n)} \cdot w, & \dfrac{(S_{FM}^{(n)})_J}{(S_{MC}^{(n)})_J} \leqslant l_J^{(n)} \\ \dfrac{1}{l_J^{(n)}} \cdot w, & \dfrac{(S_{FM}^{(n)})_J}{(S_{MC}^{(n)})_J} \geqslant \dfrac{1}{l_J^{(n)}} \end{cases} \tag{6-40}$$

6.3.4 p−CMFD 方法

粗网有限差分方法（Coarse Mesh Finite Difference，CMFD）最早 1983 年由美国 Kord Smith 提出并应用于确定论中子输运计算方法[15]，该方法已在确定论临界计算中取得了较好的加速效果。其中，基于 CMFD 改进的 p−CMFD 方法，由于具有绝对稳定性的优点而被广泛应用。p−CMFD 方法的基本思想[16]是：对系统模型进行粗网格划分，然后在粗网格模型上基于粗网有限差分构建一个低阶 CMFD 中子平衡方程，并将 CMFD 方程求解结果对粗网格裂变源进行修正，采用修正后的裂变源求解中子输运本征值方程，达到快速收敛求解的目的。

传统幂迭代方法采用如下迭代方法中子输运本征值方程：

$$\left[\hat{\Omega}\cdot\nabla + \Sigma_{\mathrm{T}}(\vec{r},E)\right]\Psi^{(n)}(\vec{r},E,\hat{\Omega}) = \iint \mathrm{d}E'\mathrm{d}\hat{\Omega}'\Sigma_{\mathrm{S}}(\vec{r},E'\to E,\hat{\Omega}'\cdot\hat{\Omega})\Psi^{(n)}(\vec{r},E',\hat{\Omega}') + \frac{1}{k^{(n-1)}}\frac{\chi(E)}{4\pi}\iint \mathrm{d}E'\mathrm{d}\hat{\Omega}'\nu\Sigma_{F}(\vec{r},E')\Psi^{(n-1)}(\vec{r},E',\hat{\Omega}') \tag{6-41}$$

在 p−CMFD 方法中，把原中子输运本征方程（6-41）叫做高阶方程，用 $\Psi^{(n+1/2)}$ 表示第 $n+1$ 个循环代中高阶方程的未知变量。此时，在第 $n+1$ 个循环代求解过程中，先求解如下高阶方程：

$$\left[\hat{\Omega}\cdot\nabla + \Sigma_{\mathrm{T}}(\vec{r},E)\right]\Psi^{(n+1/2)}(\vec{r},E,\hat{\Omega}) = \iint \mathrm{d}E'\mathrm{d}\hat{\Omega}'\Sigma_{\mathrm{S}}(\vec{r},E'\to E,\hat{\Omega}'\cdot\hat{\Omega})\Psi^{(n+1/2)}(\vec{r},E',\hat{\Omega}') + \frac{1}{k^{(n)}}\frac{\chi(E)}{4\pi}\iint \mathrm{d}E'\mathrm{d}\hat{\Omega}'\nu\Sigma_{\mathrm{F}}(\vec{r},E')\Psi^{(n)}(\vec{r},E',\hat{\Omega}') \tag{6-42}$$

基于高阶方程求解结果，针对每一个粗网格，根据网格内的中子平衡关系，建立低阶 CMFD 方程：

$$\sum_{m} A_{mm'}J_{mm'}^{(n+1)} + \Sigma_{\mathrm{t},m}^{(n+1/2)}\phi_m^{(n+1)}V_m = \frac{1}{k^{(n+1)}}\nu\Sigma_{\mathrm{f},m}^{(n+1/2)}\phi_m^{(n+1)}V_m \tag{6-43}$$

式中：m 为网格编号；Σ_{t} 为中子核反应总截面。

求解出低阶 CMFD 方程后，对第 $n+1$ 个循环代裂变源进行修正：

$$S^{(n+1)}(\vec{r})=\iint \nu\Sigma_{\mathrm{f}}(\vec{r},E')\Psi^{(n+1/2)}(\vec{r},E',\hat{\Omega}')\mathrm{d}E'\mathrm{d}\hat{\Omega}'\times \frac{\nu\Sigma_{\mathrm{f},m}^{(n+1/2)}}{\int_{V_m}\mathrm{d}r\iint \nu\Sigma_{\mathrm{f}}(\vec{r},E')\Psi^{(n+1/2)}(\vec{r},E',\hat{\Omega}')\mathrm{d}E'\mathrm{d}\hat{\Omega}'}=S^{(n+1/2)}(\vec{r})\alpha_m^{(n+1)} \tag{6-44}$$

通过式（6-44），对蒙特卡罗模拟过程中下一代裂变源中子权重进行修正，$\alpha_m^{(n+1)}$ 就是第 m 个网格对应的裂变源权重修正因子，进而实现加速裂变源收敛。

6.3.5 其他加速方法

除了上述的维兰德方法、超历史方法、裂变矩阵方法和 p-CMFD 方法应用较为广泛之外，在蒙特卡罗临界计算中，常用的还有传统有限差分方法[17]、分层抽样方法[18]、泛函蒙特卡罗方法[19]、三明治方法[20]等加速方法。不同的加速方法各具特点，在实际应用中可根据具体实际问题采用针对性加速方法，以获得最佳的源收敛加速效果。

参考文献

[1] 谢仲生，邓力. 中子输运理论数值计算方法［M］. 西北工业大学出版社，2005.

[2] Brown F. Fundamentals of Monte Carlo Particle Transport［R］. Los Alamos National Laboratory，LA-UR−05−4983，2005.

[3] She D，Wang K，Yu G . Asymptotic Wielandt method and superhistory method for convergence in Monte Carlocriticality calculation［J］. Nuclear Science and Engineering，2012，172：127-137.

[4] Yamamoto T，Miyoshi Y. Reliable method for fission source convergence of Monte Carlo criticality calculation with Wielandt's method［J］. Journal of Nuclear Science and Technology，2004，41：99-107.

[5] Kiedrowski B C，Brown F. Using Wielandt's method to estimate confidence interval under prediction bias in MCNP5 criticality calculations［J］. Transactions of American Nuclear Society，2008，99：338-340.

[6] Brown F B. Recent advances and future prospects for Monte Carlo［C］. Proceedings of Supercomputing in nuclear applications and Monte Carlo，Tokyo，2010.

[7] Martin W R. Challenges and prospects for whole-core Monte Carlo analysis［J］. Nuclear Engineering and Technology，2012，44：151-160.

[8] Carter，L.L.，McCormick，N.J. Source convergence in Monte Carlo calculations［J］. Nuclear Science and Engineering，1969，36：438-441.

[9] Carney S，Brown F，Kiedrowski B，et al. Theory and applications of the fission matrix method for continuous-energy Monte Carlo［J］. Annals of Nuclear Energy，2014，73：423-431.

［10］Carney S E，Brown F B，Kiedrowski B C，et al. Higher-Mode Applications of Fission Matrix Capability for MCNP［R］. Los Alamos National Laboratory，2013.
［11］Kadotani H，Hariyama Y，Shiota M，et al. Acceleration of fission distribution convergence using eigenvectors from matrix K calculations in the KENO code［C］. Proceedings of International Conference on Nuclear Criticality Safety，Oxford，1991.
［12］Kitada T，Takeda T. Effective convergence of fission source distribution in Monte Carlo simulation［J］. Journal of Nuclear Science and Technology，2001，38：324-329.
［13］Pan L，Wang R，Jiang S. Monte Carlo fission matrix acceleration method with limited inner iteration［J］. Nuclear Science and Engineering，2015，180：199-208.
［14］潘流俊. 蒙特卡罗临界计算中的裂变矩阵加速方法和 p-CMFD 方法研究［D］. 中国工程物理研究院，2015.
［15］Smith K S. Nodal method storage reduction by nonlinear iteration［J］. Transactions of American Nuclear Society，1983，44：265-266.
［16］潘流俊，王瑞宏，江松，等. 反应堆 Monte Carlo 临界计算加速收敛方法综述［J］. 中国科学：信息科学，2016，46（10）：1489.
［17］Lee M J，Joo H G，Lee D，et al. Investigation of CMFD acceleration Monte Carlo eigenvalue calculation with simplified low dimensional multigroup formulation［C］. Proceedings of the International Conference on the Physics of Reactors，Pittsburgh，2010.
［18］Gelbard E M，Roussel B. Proposed solution to the “keff of the world” problem［J］. Transactions of American Nuclear Society，1995，73：201.
［19］Jinan Yang. A functional Monte Carlo method for k-eigenvalue problems［D］. A disssertation for the degree of Doctor of Philosophy，2011.
［20］NAITO Yoshitaka，YANG Jinan. The Sandwich method for determining source convergence in Monte Carlo calculation［J］. Journal of Nuclear Science and Technology，2012.

第 7 章

蒙特卡罗程序发展现状与趋势

蒙特卡罗方法由于具有计算精度高、几何通用性好、能谱适应性强等优势而成为中子输运计算的热点方法之一。近年来，随着计算机性能的不断提升和大规模并行技术快速发展，蒙特卡罗方法在计算效率方面的不足逐渐被弱化，使得该方法的发展受到了广泛关注。蒙特卡罗方法已经逐步发展成为堆芯物理计算的常用方法之一，并成为国际上广泛研究的热点。目前，国际上多款蒙特卡罗程序实现了全堆芯精细模型的临界计算能力，并在实际工程问题上获得了初步应用。其中，典型的代表性程序有：在国外，美国洛斯阿拉莫斯国家实验室的 MCNP 程序、芬兰国家技术研究中心的 Serpent 程序、美国 Bettis 原子能实验室的 MC21 程序、美国麻省理工学院的 OpenMC 程序，韩国首尔大学的 McCARD 程序，英国 ANSWERS 公司的 MONK 程序，法国原子能机构的 TRIPOLI 程序，俄罗斯联邦核子中心的 PRIZMA 程序；在国内，清华大学的 RMC 程序、中国科学院核能安全技术研究所的 SuperMC 程序以及北京应用物理与计算数学研究所的 JMCT 程序；同时，由国家电力投资集团研发的自主化核电软件 COSINE 系统和中核集团研发的一体化核电软件平台 NESTOR 系统中都正在开发进行工程应用的蒙特卡罗程序系统。

7.1 国内蒙特卡罗程序发展现状

7.1.1 RMC

堆用蒙特卡罗分析程序 RMC（Reactor Monte Carlo Code）是由清华大学工程物理系反应堆工程计算分析实验室研发的用于反应堆堆芯计算分析的三维蒙特卡罗中子输运程序[1]。RMC 可以处理包括重复结构在内的任意几何结构，采用了统一能量框架以及哈希表等一些新的算法对能量和截面搜索进行改善。RMC 还具有丰富的源收敛、减方差等加速收敛技巧，很好地解决了通用蒙特卡罗程序收敛慢的问题，并增加了温度相关截面处理、燃耗计算、中子动力学计算、混合方法、热工耦合等功能[2]。

RMC 程序使用 C++编写；使用 ACE 格式的数据库，采用连续能量点截面对复杂能谱和材料进行描述。几何建模方面，RMC 采用实体组合几何（CSG）[3]。对于模型中普遍存在的栅元–组件–堆芯式的重复几何结构，只需要描述基本类型的栅元，结合层级结构和重复栅格排列方式，即可完成复杂堆芯的描述，大幅简化模型描述规模。

RMC 能对临界问题本征值、本征函数进行计算；能进行中子动力学与瞬态过程分析；

可进行在线核截面并行处理、均匀化与并群计算；内嵌点燃耗计算模块 DEPTH，采用矩阵指数法，能处理约 1 500 种核素的精细燃耗链，支持含重复结构的燃耗计算，支持对大规模燃耗区的“并行临界+并行点燃耗”计算。

7.1.2　JMCT

JMCT 软件是中物院高性能数值模拟软件中心开发的三维蒙特卡罗粒子输运模拟软件[4]。该程序采用 ACE 格式连续能量数据库或多群数据库，考虑了包括热化在内的各种核反应。软件中实现了双索引、哈希函数等多种核截面处理加速方法。

JMCT 程序由前处理、输运计算、后处理 3 部分组成[5]。前处理部分采用可视化三维建模，采用实体组合几何模型，构建模型的几何结构和物质材料。程序使用 CAD 软件 UG 平台开发，可以构建反应堆中常见的几何体，软件具有友好的用户界面。JMCT 输运计算部分是在 JCOGIN 框架上实现的，由 JCOGIN 框架对几何相关计算、内存管理、并行通信等模块进行管理；而与物理相关的计算则独立于 JCOGIN 框架之外。JCOGIN 框架除了支撑输运计算模块之外，还支撑了截面模块、计数模块[6]。后处理部分只要是对计算结果进行处理、统计和作图。

JMCT 主要用于反应堆设计和分析，目前可模拟中子和光子两种粒子的独立及耦合输运计算，能够模拟固定源和临界问题；可实现区域分解和关于中子数（MPI）及关于区域（OpenMP）的二级并行，在 20 480 个处理器核上的并行效率可达 70%。

7.1.3　SuperMC

中子输运设计与安全评价软件系统 SuperMC（SuperMulti-functional Calculation Program for Nuclear Design and Safety Evaluation）是 FDS 凤麟核能团队开发的通用核系统设计与安全评价软件[7]，是一款大型一体化中子学设计软件[8]。该软件以中子及相关辐射输运计算为核心，支持包含核素燃耗、辐射源项/剂量/生物危害、材料活化与嬗变等的全过程中子学计算，支持热工水力学、结构力学、化学、生物学等多物理耦合计算，并基于云计算框架，集精准建模、可视分析与虚拟仿真、综合数据库于一体，可应用于核能系统设计与安全评价以及辐射医学、核探测等核技术较差应用领域[9]。

SuperMC 目前实现了几何与物理全过程自动建模，可以进行中子输运、光子输运以及中光子耦合输运计算、燃耗计算、活化计算，以及结果可视化分析等。程序支持多种功能数据库（输运、燃耗、活化、材料损伤等），支持多种数据库格式，能够在线生成多温度截面；采用可视化几何建模，基于 CAD/Image 精确建模；可实现包括 MCNP、Geant4、TRIPOLI 在内的多种蒙特卡罗程序之间输入卡片的自动转换；可进行中子、光子、电子的输运计算、动力学计算和敏感性与不确定性分析计算；可进行组件均匀化参数计算和燃耗计算；具备包括热工水力计算在内的多物理耦合功能；可实现动态可视化，追踪实时中子径迹，源收敛、时变计量场；采用基于 MPI 的并行计算策略；主要应用于反应堆物理及屏蔽设计与安全分析，辐射医学物理分析等领域。

SuperMC 软件中采用了几何处理、核截面处理、源收敛和自适应减方差等丰富的加速方法，有效提升了对于大型复杂反应堆模型的计算效率。

7.2 国际蒙特卡罗程序发展现状

7.2.1 MCNP

MCNP 程序，全称为 Monte Carlo N-Particle Transport Code，由美国洛斯阿拉莫斯国家实验室（LANL）研制，可用于计算复杂三维几何结构中包括中子、光子、电子等多粒子输运问题[10]。

蒙特卡罗粒子输运方法发展在 LANL 有着悠久的历史，可以追溯到 20 世纪 40 年代。这些方法的早期创建者包括乌拉姆（Stanislaw Ulam），冯诺依曼（John von Neumann），罗伯特戴维斯（Robert Davis Richtmyer），梅特罗波利斯（Nicholas Metropolis）等众多专家，他们在第一代计算机上研究了中子输运问题。1947 年 3 月 11 日，冯诺依曼给 LANL 理论部门的负责人罗伯特戴维斯写了一封信，信中提议用统计方法来解决裂变装置中的中子输运和增殖问题。同年，在 LANL，费米发明了一种叫做 FERMIAC11 的机械装置，用蒙特卡罗方法来跟踪中子在可裂变材料中的运动。在 20 世纪五六十年代，LANL 又开发了许多特定用途的蒙特卡罗代码，包括 MCS、MCN、MCP 和 MCG，这些代码最终被整合到了一个总的代码中，称为 MCNG。起初，在 1973 年，三维中子输运代码 MCN 与 γ 光子输运代码 MCG 最先融合，形成最初的 MCNG 程序；在 1977 年，MCNG 程序与 MCP 代码合并，以便更加精确地模拟具有中子－光子耦合现象的相互作用；这些代码之间的融合，最终就产生了 MCNP。在 1983 年，美国辐射安全信息计算中心（RSICC）公开发布 MCNP3。在 1990 年，MCNP 程序又添加了由桑迪亚国家实验室（SNL）提供的 ITS 代码，自此 MCNP 中有了模拟电子输运的功能，而 MCNP 的含义也真正变成了 Monte Carlo N-Particle[11]。如表 7-1 所示。

表 7-1　MCNP 发布版本总结

版本	发布时间	特征及新功能
MCNP3	1983	RSICC 最初发布的版本，使用 Fortran77 编写
MCNP3A	1986	更新部分程序 bug
MCNP3B	1988	画图，通用源，面源，重复结构和栅元几何
MCNP4	1990	并行多任务处理，电子输运
MCNP4A	1993.10	增强统计分析，新的光子库，ENDF－6，彩色 Windows 图形，动态存储分配
MCNP4B	1997.04	算子扰动，增强光子物理特性，PVM 负载平衡，横断面绘图，64 位可执行程序，universe 填充
MCNPX2.1.5	1999.11	第一个公开发布的 MCNPX 程序
MCNP4C	2000.04	未分辨共振区处理，叠加重要性网格，微扰，电子输运，增强绘图和计数
MCNP4C2	2001.01	光子－原子核物理，交互式绘图，绘制权窗网格，改进权窗

续表

版本	发布时间	特征及新功能
MCNPX2.3.0	2002.04	LAHET2.8 和 3.0 的扩展
MCNPX2.4.0	2002.08	更新到 MCNP4C，为 WindowsOS 构建系统，对 Fortran90 提供支持
MCNP51.14	2002.11	Fortran90，光子－原子核碰撞，几何叠加网格统计，时间分裂，与 OpenMP 共享内存线程，支持 MacOSX
MCNP51.20	2003.10	将探测器数量增加到 100 个，计数栅元增加到 1 000 个
MCNP51.30	2004.08	加强栅元和网格计数，支持 MacOSX 上的 MPI
MCNPX2.5.0	2005.04	34 种中子类型，4 种轻离子，混合和匹配核数据表和模型物理，CEM2k，INCL4/ABLA 物理模型，裂变多重性，自发裂变源，同步俘获计数，模型方差缩减
MCNP51.40	2005.11	对数数据插值，中子多重性分布，随机几何，网格计数绘图，新的电子能量损失离散
MCNPX2.6.0	2008.04	燃耗，重离子输运，延迟 γ 发射，能量－时间权窗，来自中子俘获的带电离子，球形网格权重窗，自发光子
MCNP51.51	2009.01	光子多普勒展宽，随脉冲高度计算的方差减小，湮灭光子追踪，makxsf 中的多普勒展宽
MCNP51.60	2010.08	点堆动力学参数的伴随加权计数，同位素反应速率的网格计数，栅元和曲面可以多达 1 亿，计数栅元可以多达 1 万
MCNP6Beta2	2012.01	非结构化网格几何传输，自动生成权重窗，光子输运到 1 eV
MCNP6Beta3	2013.01	新的燃耗计算能力，改进并行 MPI，宇宙射线源，非结构化网格几何

在 2013 年 5 月由美国辐射安全信息计算中心（Radiation Safety Information Computational Center，简称 RSICC）正式发布了 MCNP6.1，这是在融合了 MCNP5 1.6 和 MCNPX 2.7.0 的基础上用 Fortran90 语言开发，可在 Windows、Linux 和 MacOSX 平台上运行。该程序使用经过 NJOY 程序在美国核评价数据库 ENDF/B-Ⅶ.1 基础上制作的 ACE 格式（ACompactENDF）的连续能量截面参数，包含 423 种核素在 7 个温度点上的截面参数；建模方面采用实体组合几何（Constructive Solid Geometry，简称 CSG）方法，使用曲面和实体之间的交、并、余算符构建任意三维几何，且配备了几何绘图程序，具自强大的二维、三维绘图功能，也可在可视化界面直接绘制几何结构，进而自动生成输入卡片文件；为用户配置了多种标准形式的源，同时留有接口，允许用户定义自己的源；可模拟能量高达 TeV 的 37 种微观粒子及其耦合系统，包括中子、光子、反中子、反光子、电子、正负介子、轻离子、重离子等；可进行临界、辐射防护、辐射剂量、探测响应等计算；汇集了包括几何分裂与俄罗斯轮盘赌、重要抽样、能量分裂、源偏倚、指数变换、强迫碰撞、相关抽样、点探测器的新估计方法、小区域计数的 DXTRAN 球技巧以及权重窗等非常丰富的降低方差技巧；能实现体通量、面通量、点通量、裂变沉积能、总沉积能等在内的多参数统计估计；具有基于 MPI 和 OpenMP 的并行计算功能，可用于核评价数据库的验证与确认、核安全评价、医学与健康物理学等。

在 2017 年，RSICC 计划推出新版 MCNP 程序：MCNP6.2[12-14]。在核临界安全方面，MCNP6.2 比 MCNP6.1 在计算速度方面有 1.5～2 倍的提升，比 MCNP6.1.1 与

MCNP5-1.60 有些许提升。这主要得益于使用了基于哈希表的内联二进制搜索、有效地进行全局检查以及堆并行线程地增强。以前所有旧版 MCNP 的输入行长度都被限制在 80 字符以内。在 MCNP6.2 中，允许输入单行最多 128 个字符，极大地提高输入文件的清晰度。MCNP6.2 所使用的文件名长度最多可达 256 个字符，命令行输入最多可达 4 096 个字符，这使得文件名和后缀可以有更强地描述性。

7.2.2 MC21

MC21 是美国贝泰船用推进公司 Knolls 原子能实验室（Knolls Atomic Power Laboratory）和 Bettis 原子能实验室（Bettis Atomic Power Laboratory）联合开发的连续能量的三维稳态中子、光子、中光子耦合输运计算程序[15]，该程序使用 Fortran95 语言采用面向对象程序结构编写，整合了计算机辅助建模和后处理的通用蒙特卡罗设计工具 CMCDT 的求解核心，而且经过优化，可以支持大型复杂模型问题。

MC21 所使用的核数据库经 NDEX（Nuclear Data Extractor）评价提供。NDEX 主要从 ENDF-6 和 ACE 的格式化源文件中提取和处理核数据。这些数据再经过处理和评价，然后写入到名为 ND_LIBRARY 的文件中，从而可以被 MC21 调用。

MC21 的三维建模能力非常强大，使用实体组合几何技术，采用多级建模方法，适合从栅元到组件再到堆芯的建模方式。MC21 高效的建模方式，使得在对复杂三维模型进行建模时，输入文件更加紧凑和精简。

MC21 在定义辐射源参数时，提供了一个比较灵活的输入系统[16]。源的参数在 MC21 中既可以使用内置的分布，也可以自定义分布。在内置的分布中，空间位置上可使用的有：点、球体、圆柱体以及平行六面体；能量可使用的分布有：单能、瓦特裂变谱和麦克斯韦分布。源既可以定义为单向发射的源，也可以定义为各向同性，或是带有一定偏倚。自定义源则更具灵活性，可以为离散概率密度分布、分段线性概率密度函数或者柱状分布，但这些都必须在单独的源输入文件中手动定义。

MC21 程序中子输运计算能量范围从 10^{-5} eV 到 20 MeV，光子输运能量范围从 1 keV 到 100 GeV。代码中包含了所有常见的中子散射机制和常见的光子相互作用机制。可处理反射边界、对称边界（旋转对称和反转对称）以及自然边界；可对全区域和特定感兴趣的区域进行计数，计数系统经过优化，针对非常大的系统仍可保持高效计数；具备外源计算和临界计算功能；可考虑燃耗、热反馈、氙反馈，可进行临界搜索；同时使用了 MPI 和 OpenMP 两种并行方法，可进行大规模并行计算。

7.2.3 KENO

KENO 程序是美国橡树岭国家实验室（Oak Ridge National Laboratory，简称 ORNL）开发的三维通用几何蒙特卡罗临界安全计算程序[17]，是 SCALE 程序包中的一个中子输运问题求解模块。该程序由 Fortran90 语言编写，可选择使用基于 ENDF/B-Ⅶ.0 或者 ENDF/B-Ⅶ.1 的连续能量点截面或者 238 群多群截面；可使用现成几何体经过交、并、余的布尔运算构建复杂几何体；具有 2D 彩色绘图能力，亦可以使用 KENO3D 视图工具绘图，用于建模可视化；输出文件采用便捷的 HTML 格式。

目前，SCALE 程序包中包含两个版本的 KENO 程序：KENO-V.a 和 KENO-Ⅵ[18]。这两个 KENO 程序均为三维多群蒙特卡罗程序，用于计算二维或三维系统中的有效增值系数。从 KENO-V.a 开始融入 SCALE 程序包，距今已有 20 余年。在 KENO-V.a 的几何建模中，包含 10 余种基本图形，从常用的长方体、圆柱体到使用较少的圆锥体、五角形；在 KENO-Ⅵ中又添加了十二面体和 3 个六边形排布方式。其简易的几何建模系统极大地降低了使用难度，而且相比于其他蒙特卡罗临界安全计算软件有更高的计算效率。

7.2.4 Serpent

Serpent 是芬兰 VTT 技术研究中心自 2004 年开始研发的三维连续能量蒙特卡罗反应堆物理燃耗计算程序[19]。

目前的公开版 Serpent1 由 OECD/NEA 和 RSICC 于 2009 年发布。Serpent1 使用 C 语言编写，使用 ACE 格式数据库，Serpent 自带基于评价数据库 JEF－2.2、JEFF－3.1、JEFF－3.1.1、ENDF/B－Ⅵ.8 和 ENDF/B－Ⅶ的 ACE 格式数据库，包括了 432 个核素在 6 个温度点上的反应截面数据，其中热化原子核散射数据包括轻水、重水和石墨；提供多种几何，用于不同类型的燃料设计，包括简单的柱状燃料棒和球形燃料，用于轻水堆的方形和六角形排布的组件以及用于 CANDU 堆的环形排布组件，还可处理高温气冷堆的弥散体球状燃料的分布随机性；可进行中子、光子的输运模拟，可求解固定源问题和临界问题；使用基于统一能量网格的截面重构技巧加速计算；内置多普勒展宽预处理程序等模块；采用权窗游戏技术作为降方差技巧；可用于产生均匀化群常数，具体包括高达 7 阶的散射矩阵、扩散系数、组件不连续因子、面通量、角通量、矩形和六角形组件的通量、毒物 ^{135}Xe 和 ^{149}Sm 及其先驱核的微观截面；内置了燃耗计算功能和多物理耦合计算功能。

在 2012 年 10 月，VTT 技术研究中心开始开发 Serpent2[20]。Serpent2 也使用了 C 语言编写，在 Linux 系统下编译。最新版 Serpent2 可以读入 CAD 建模的几何，几何功能更加强大，且同时使用了 OpenMP 和 MPI 的并行计算策略。Serpent2 消除了 Serpent1 中的内存限制，并将燃耗能力扩展到近 100 000 个耗尽区。

7.2.5 OpenMC

OpenMC 由美国麻省理工学院（MIT）的计算反应堆物理小组开发，始于 2011 年，至目前发行至 0.11.0 版本[21]。

OpenMC 使用 Fortran 2008 语言编写，可在 Linux、MacOSX 和 Windows 7 下运行。主要用于中子输运计算，可进行临界问题和多种固定源问题的计算，也包含了多群功能，主要应用于反应堆物理分析设计。OpenMC 的输入文件为方便填写与识别的 XML 格式，输出采用 HDF5 格式。

OpenMC 程序使用由 NJOY 程序处理核评价数据库得到的 ACE 格式的连续能量点

截面数据库。程序可产生多群均匀化截面，为了提高计算截面时的速度，OpenMC 使用了一种基于指针的能量网格搜索技术，在面对数十种或更少核素的情况下，有相当突出的优点[22]。

OpenMC 在建模方面采用实体组合几何，可使用逻辑语言构建复杂几何模型，对于模型中任意的曲面都可以设定边界条件。OpenMC 有两种几何绘图方式：二维光栅绘图和 ParaView 绘图。对于计数模块，OpenMC 有一个灵活的、占用资源较少的计数系统，可以对通量、裂变反应速率、中子产生速率、缓发中子产生速率、能量沉积等进行计数。

OpenMC 采用了 MPI 和 OpenMP 并行计算策略。对于 OpenMC 并行计算的研究，主要集中在可伸缩并行算法上，开发了一种与裂变位点的收集和采样有关的算法，放弃了传统的主－从通信模式，转为裂变位置或源位置附近区域的交互，这种算法使得线性扩展达到 100 000 多个进程。在 OpenMC 中也使用了具有基于粗网有限差分方法的加速功能，减少迭代次数。

7.2.6 McCARD

McCARD 由韩国首尔大学开发，可针对多种反应堆系统进行中子－光子耦合输运计算[23]。该程序使用 C++语言采用面向对象的程序结构编写；使用由 NJOY 制作生成的连续能量数据库和多群数据库进行连续能量或多群计算；采用实体组合几何模型，可处理周期边界、反射边界和白边界；采用自由的文本输入格式，也可用多级建模选项，用 python 做重复几何描述，可针对高温气冷堆燃料特性处理随机分布燃料球模型；主要用于反应堆中子模拟计算，可进行外源计算和临界计算，且在临界计算中，对于裂变源分布，可根据收敛准则自动开启计入统计的代数；还可统计有效缓发中子份额，瞬发中子寿期，可产生少群扩散系数，可进行敏感性和不确定性分析；内置了燃耗计算模块；可考虑热工水力反馈；可使用 MPI 策略进行并行计算。

7.3 蒙特卡罗程序发展趋势

高保真（High-Fidelity）一直以来是核反应堆数值模拟分析所追求的目标。相比于确定论方法，蒙特卡罗方法由于在几何、材料、能谱等处理方面的通用性与普适性，近年来随着计算机技术的快速发展，基于蒙特卡罗的多物理耦合计算已成为一种发展趋势，但也是当前蒙特卡罗方法面临的一大挑战[24-25]。目前，蒙特卡罗方法在国际上已成为核反应堆高保真核热耦合分析的研究热点之一，其中代表性的有 NURESAFE[26-27]、CESAR[28]、McSAFE[29-31]等大型合作研究计划正在开展相关研究。高保真核热耦合瞬态分析研究的重点之一就是实现蒙特卡罗中子时空动力学计算与热工水力计算的耦合，以分析核反应堆瞬变及事故工况下堆芯瞬态演化特性，而高保真蒙特卡罗中子时空动力学计算是此项研究的前提和关键。

在蒙特卡罗中子时空动力学方法方面，可分为直接模拟法（Direct Method）和准静态方法（Quasi-Static Method）。直接模拟法是指基于蒙特卡罗方法真实地模拟瞬态过程中堆芯内瞬发中子、缓发中子、缓发中子先驱核从产生到消亡的物理过程，并在此过程中对中子通量密度等物理量进行无偏统计。直接模拟法最大优势在于其基于第一性原理，理论上可以反映最真实的堆芯中子动态行为。然而，直接模拟需要模拟的中子数量庞大，尤其是当核反应堆处于超临界状态时，中子数量指数上涨，而缓发中子先驱核的数量本身又比较大，此时直接模拟量会呈指数上升，模拟过程极其耗时。因此，虽然直接模拟法理论上计算精度很高，但对计算资源要求非常高，目前仍局限于小尺度及组件模型的短时间瞬态问题模拟，而全堆芯长时间瞬态问题模拟在未来一段时间还有待深入研究。相比于直接模拟方法，基于蒙特卡罗的准静态方法由于具有可接受的计算精度和较好的计算效率，成为全堆芯蒙特卡罗中子时空动力学研究的热点。准静态方法是将中子通量密度进行因式分解，将其分解为一个幅函数和一个形状函数的乘积，其幅函数方程由低阶模型（如点堆）求解，而形状函数则由高阶蒙特卡罗方法求解，其本质是一种蒙特卡罗与确定论耦合方法。近年来，基于蒙特卡罗的准静态方法成为了高保真中子时空动力学的研究热点之一。

参考文献

[1] 李泽光，王侃，佘顶，等. 自主堆用蒙特卡罗模拟程序 RMC2.0 开发［J］. 核动力工程，S2：2010：43-47.

[2] 丘意书，佘顶，范潇，等. 堆用蒙特卡罗程序 RMC 的全堆计算研究［J］. 核动力工程，2013，34（S1）：1-4.

[3] 梁金刚，葛攀和，吴高晨，等. 反应堆蒙特卡罗程序 RMC 模型可视化功能开发［J］. 原子能科学技术，2014，48（S1）：599-603.

[4] 邓力，雷炜，李刚，等. 高分辨率离子输运 MC 软件 JMCT 开发［J］. 核动力工程，2014，S2：221-223.

[5] 李刚. 自主蒙特卡罗中子输运程序 JMCT 研制［C］. 第五届反应堆物理与核材料学术研讨会、第二届核能软件自主化研讨会，2011.

[6] 李刚，张宝印，邓力，等.蒙特卡罗中子输运程序 JMCT 研制［J］. 强激光与中子束，2013，25（1）：158-162.

[7] 宋婧. 面向先进反应堆的蒙特卡罗模拟方法与程序设计研究［D］. 中国科学技术大学，2014.

[8] Wu Yican. Multifunctional neutronics calculation methodology and program for nuclear design and radiation safety evaluation［J］. Fusion Science and Technology，2018：1-9.

[9] 吴宜灿，宋婧，胡丽琴，等.超级蒙特卡罗核计算仿真软件系统 SuperMC［J］. 核科学与工程，2016，36（1）：62-71.

[10] X－5 Monte Carlo Team. MCNP-A general Monte Carlo N-particle transport code，Version 5，Volume I：Overview and Theory［R］. LA-UR－03－1987. USA：LANL. April 24，2003.

[11] T. GOORLEY, M. JAMES, T. BOOTH, et al. Initial MCNP6 release overview-MCNP6 version 1.0 [R]. LA-UR 13-22934, USA: LANL. April 24, 2013.

[12] Forrest B. Brown, Michael E. Rising, Jennifer L. Alwin.Release of MCNP6.2 and WHISPER-1.1-Guidance for NCS users [R]. LA-UR-17-24260, USA: LANL. May 25, 2017.

[13] Forrest Brown, Michael Rising, Jennifer Alwin. What's New with MCNP6.2 & Whisper-1.1 [R]. LA-UR-17-27992, USA: LANL. Sept 10, 2017.

[14] C. J. Werner, J. S. Bull, C. J. Solomon, et al. MCNP Version 6.2 Release Notes [R]. LA-UR-18-20808, Los Alamos National Laboratory, 2018.

[15] T. M. Sutton, T. J. Donovan, T. H. Trumbull. The MC21 Monte Carlo Transport Code, LM-06K144 [R]. January 9, 2007.

[16] D. P. Griesheimer, D. F. Gill, B. R. Nease. MC21 v.6.0-A continuous-energy Monte Carlo particle transport code with integrated reactor feedback capabilities [J]. Annals of Nuclear Energy, 2015, 82: 29-40.

[17] M. Stephen. KENO-VI Primer : A primer for criticality calculations with SCALE/KENO-VI using GeeWiz [R]. Oak Ridge National Laboratory, 2008.

[18] S. M. Bowman. KENO-VI Primer: A Primer for Criticality Calculations with SCALE/KENO-VI Using GeeWiz, ORNL/TM-2008/069 [R]. OAK RIDGE NATIONAL LABORATORY. September, 2008.

[19] J. Leppanen, M. Pusa, T. Viitanen, et al. The Serpent Monte Carlo code: status, development and applications in 2013 [J]. Annals of Nuclear Energy, 2015, 82: 142-150.

[20] J. Leppänen. Two Practical Methods for Unionized Energy Grid Construction in Continuous-Energy Monte Carlo Neutron Transport Calculation [J]. Annals of Nuclear Energy, 2009, 36: 878-885.

[21] P. K. Romano, B. Forget. The OpenMC Monte Carlo code for advanced reactor design and analysis [J]. Nuclear Engineering and Technology 2012, 44 (2): 161-176.

[22] Paul K. Romano, Nicholas E. Horelik, Bryan R. Herman, et al. OpenMC: A state-of-the-art Monte Carlo code for research and development [J]. Annals of Nuclear Energy, 2015, 82: 90-97.

[23] H. J. Shim, B. S. Han, J. S. Jung, et al. MCCARD: Monte Carlo code for advanced reactor design and analysis [J]. Nuclear Engineering and Technology, 2012, 44 (2): 161-176.

[24] Ferraro D., et al. Foreseen capabilities, bottlenecks identification and potential limitations of Serpent MC transport code in large-scale full 3-D burnup calculations [C]. International Conference on Nuclear Engineering (ICONE26), London, United Kindgom, July 22-26, 2018.

[25] Chanaron B., et al. Advanced multi-physics simulation for reactor safety in the framework of the NURESAFE Project [J]. Annals of Nuclear Energy, 2015, 84: 166-177.

[26] Chanaron B., et al. Advanced multi-physics simulation for reactor safety in the framework of the NURESAFE Project [J]. Annals of Nuclear Energy, 2015, 84: 166-177.

[27] Chanaron B. The European NURESAFE simulation project for reactor safety [C]. International Conference on Nuclear Engineering (ICONE22), Prague, Czech Republic, July 7-11, 2014.

[28] Siegel A. CESAR: Center for exascale simulation of advanced reactors-initial perspective on priorities for supporting hardware, system software, libraries [R]. Argonne National Laboratory, 2017.

[29] Mercatali L., et al. McSAFE projects highlights, international multi-physics validation workshop [R]. North Carolina State University, USA, 2017.

[30] Sánchez V., Mercatali L., Malvagi F., et al. McSAFE-High performance Monte Carlo methods for SAFEty demonstration—from proof of concept to industry-like applications [R]. NUGENIA Annual Forum, Amsterdam, Netherlands, March 28-30, 2017.

[31] Ferraro D., et al. Variance reduction methods for MC-code with dynamic capability to improve the efficiency of the time-dependent solutions [R]. Second McSAFE Progress Meeting, Dorchester, United Kingdom, September 24-26, 2018.